穆峰 著

知者研究　FOTILE方太　Der德尔地板　联合出品

关注装修用户体验场景的指导手册
助力装企重塑用户口碑的实操指南

知者大家居智库丛书系列

装修口碑怎么来

U0183671

重塑用户体验场景

华中科技大学出版社
http://press.hust.edu.cn
中国·武汉

图书在版编目（CIP）数据

装修口碑怎么来：重塑用户体验场景/穆峰著. —武汉：华中科技大学出版社，2022.11(2024.1重印)

ISBN 978-7-5680-8698-1

Ⅰ.① 装… Ⅱ.① 穆… Ⅲ.① 住宅-室内装修-建筑设计 Ⅳ.① TU767

中国版本图书馆 CIP 数据核字（2022）第 185733 号

装修口碑怎么来：重塑用户体验场景 　　　　　　　　　　　　　　　穆　峰　著
Zhuangxiu Koubei Zenmelai：Chongsu Yonghu Tiyan Changjing

策划编辑：易彩萍
责任编辑：周怡露
封面设计：刘文涛
责任监印：朱　玢
出版发行：华中科技大学出版社（中国·武汉）　　　电话：(027) 81321913
　　　　　武汉市东湖新技术开发区华工科技园　　　邮编：430223
录　　排：华中科技大学出版社美编室
印　　刷：武汉邮科印务有限公司
开　　本：710mm×1000mm　1/16
印　　张：14.5
字　　数：230 千字
版　　次：2024 年 1 月第 1 版第 3 次印刷
定　　价：68.00 元

华中出版

本书若有印装质量问题，请向出版社营销中心调换
全国免费服务热线：400-6679-118　竭诚为您服务

感谢以下行业大咖、朋友和合作伙伴对本书的大力支持

联合顾问

徐国俭　上海市室内装饰行业协会会长、聚通装饰集团董事长

颜伟阳　贝壳副总裁、圣都家装创始人

陈　辉　东易日盛董事长

倪　林　金螳螂企业集团董事长

郑晓利　华美乐装饰集团董事长

袁超辉　点石家装董事长

杨　海　上海统帅装饰集团董事长

陈　炜　爱空间创始人

杨　渊　上海星杰装饰集团董事长

夏振华　华浔品味装饰集团董事长、总裁

白　杰　生活家家居集团董事长兼总裁

曾育周　"整装校长"靓家居董事长

李　荣　红蚂蚁集团董事长

张　华　唐卡装饰集团董事长

戴江平　今朝装饰集团董事长

姚红鹏　德尔未来董事、德尔地面材料产业总裁

徐华春　沪尚茗居董事长

尚海洋　积木家董事长

何　石　方太集团家装事业部总经理

陈　军　上海进念佳园装饰集团总裁

联合发起人

装企代表

任志天 极家家居集团总裁

汪振华 丛一楼装饰集团董事长

海 军 海天恒基装饰集团董事长

柳方洲 万泰装饰有限公司总裁

黄 杰 一起装修网董事长

瞿 涛 尚层装饰集团副总裁

王 云 大业美家集团总裁

张 凯 华杰东方装饰集团总裁

王 锁 美猴王家装董事长

闫 佳 爱空间高级合伙人

万雪冰 靓家居常务副总裁

刘羡然 住范儿 CEO

李 静 梵客集团董事长

张 强 天津室内装饰协会副会长、天津信日装饰集团董事长

李 帅 U 家工场集团董事长

凌春粮 中博装饰董事长

孙 蕾 沪上名家装饰集团董事长

陈学绍 金螳螂家总裁

王 丹 乐尚装饰总裁

戴仙艳 今朝装饰集团总经理

王乃辉 居然装饰总经理

安 杰 业之峰装饰集团副总裁

郭文军 华浔品味装饰集团副总裁

焦 毅 上海朗域装饰总经理

俞爱武 上海俞润空间设计董事长

束传宝 上海拉齐娜国际设计董事长

蒙延仪 上海C＋装饰集团董事长

杨林生 幸赢空间设计董事长

朱结合　上海青杉装饰董事长

丁　力　深圳过家家装修创始人

金　锋　深圳金紫荆装饰集团董事长

肖道宇　深圳好易家装饰集团董事长

刘经坊　深圳浩天装饰集团总裁

谢宇兵　深圳誉家装饰董事长

林　萌　东莞鲁班装饰董事长

左汉荣　顾好家（福建）装饰工程有限公司总裁

徐　刚　红蚂蚁集团副总裁

洪斯君　铭品装饰副总裁

沈鹤林　兄弟装饰集团交付中心总经理

黄　宇　常州鸿鹄设计创始人

周志威　轩怡装饰创始人

雷　震　宁波十杰装饰总裁

王大川　绿色家装饰董事长

谭　峰　九根藤集团董事长

袁晓忠　积木家联合创始人

江　琳　西安峰上大宅装饰有限公司总经理

魏开宇　西安翼森装饰设计有限公司总经理

张友平　威海筑雅别墅创始人

武　薇　厦门嘉悦天盛别墅装饰创始人、设计总监

张雁飞　上海鸿鹄设计总经理

葛烨明　靓家居营销总经理

冯飞龙　北京金典装饰集团总经理

卢伟铭　华宁装饰集团副总经理

刘军辉　陕西中邦精工装饰公司总经理

张圣君　沪佳装饰集团集采中心总负责

周余强　九鼎装饰副总裁

周　易　承家新装创始人

蔡志斌　西宁嘉和日盛装饰董事长

部品 & 赋能商代表

陈 航　群核科技（酷家乐）联合创始人兼 CEO

左墨之　海尔智家副总裁、三翼鸟总经理

叶 兵　58 同城高级副总裁、安居客 COO

李国强　公牛集团营销副总裁

周天波　红星美凯龙家居集团副总裁

周志胜　全屋优品创始人兼董事长

邓裕升　九牧集团全国零售管理中心总经理

张凯生　中深爱的寝具董事长

王国春　土巴兔联合创始人

林 辉　知户型创始人、董事长

林王柱　爱康企业集团总裁

田茂华　千年舟集团副总裁

熊纹用　奥田电器总裁

秦渼东　智装天下董事长

周清华　管仲连子（上海）管理咨询机构董事长

罗 勇　东鹏控股家居事业部总经理

丁 胜　云立方 CEO

谷年亮　牛辅材董事长

董 莹　德尔地面材料产业首席用户官

谭 萍　TATA 木门整装渠道事业部总裁

陈 旭　欧标建材集团董事长

赵 谦　泛米科技董事长、帘盟创始人

杨 帆　特普丽墙饰总经理

杨 波　圣伯雅墙板总经理

郑金存　宝格雷电线总经理

赵明翔　摩看科技 CEO

杨 丹　武汉云辅材 CEO

谢永成　恒洁卫浴家装事业部总经理

高世淋　金牌厨柜整装事业部总经理

任文杰　小米优家第三方家装监理创始人

邢　敏　欧麦红副总裁、定制精装总经理

张　峰　意大利 COES 高端管道中国区总裁

田晓东　搜辅材创始人

沈潮虎　君潇地毯创始人

西　蒙　肯森管道中国区总经理

朱元杰　成都共同管业集团副总经理

陈延辉　萨米特瓷砖副总经理

谢自超　美家时贷联合创始人

苟涛涛　优材联盟创始人

余　洋　科顺民建集团战略客户部总经理

杜　畅　西卡德高全国家装事业部总经理

谭雁鸿　火星人集成灶家装部负责人

游　峰　美标卫浴全国零售负责人

侯绪文　美的集团中国区域家装公司渠道负责人

方　棋　方太集团家装事业部大客户总监

沈　健　惠达卫浴家装渠道总监

许国江　摩恩厨卫全国战略客户渠道总监

江　旻　施耐德电气全国家装渠道负责人

吴燕能　诺贝尔陶瓷渠道管理部总监

王正甫　江苏佳仕可新材料科技有限公司市场负责人

任玉春　斯米克瓷砖家装渠道负责人

马振飞　AKIA 地毯工坊合伙人

谷　伟　装小哥创始人

史　良　幂态科技 CEO

黄少清　重庆自由维度物联网科技有限公司总经理

钟伟伟　普赫（苏州）暖通设备工程有限公司总经理

张　舜　上海荣础楼宇设备工程有限公司总经理

肖良宇　安徽科居新材料科技有限公司副总经理

胡食智　深圳绿米联创科技高级总监

张泽东　贝朗卫浴装饰事业部总监

（排名不分先后）

战略支持及特别推荐一

与书结伴，与智慧结缘，有幸与穆峰老师相识。

感谢穆峰老师亲临深圳市中深爱的寝具科技有限公司品牌寝具代工工厂考察指导；经过深入的调研与探讨，穆峰老师为欧洲 VIV 打造了品牌文化系统。① 品牌愿景：成为床垫面向经销商渠道第一品牌。② 委以使命：助力渠道，让家更舒适。③ 树立品牌形象：做渠道定制床垫专家。④ 建立品牌定位：为渠道定制"三好"的欧洲品牌床垫，以好保障、好销售、好利润的"三好"势能为渠道提供整体床垫配套解决方案，以好品牌、好品质、好睡感的"三好"特点为渠道消费者提供健康舒适睡眠体验。

欧洲比利时 VIV 品牌床垫是维尔德曼集团旗下品牌。维尔德曼集团成立于 1954 年，是整体睡眠系统制造商之一。在比利时、法国、波兰、中国（中深爱的）有八个生产基地，工厂占地面积达 100 万平方米。维尔德曼集团旗下品牌旨在为全球用户提供高品质的睡眠产品。

欧洲 VIV 品牌床垫以一种外在的、物理的形式改善人们的睡眠质量，消除疲劳，储备能量，调节身体机理，让身心在睡眠中得到放松，为充满活力和能量的身心提供健康保障。

欧洲 VIV 品牌床垫在品牌核心上强调"变革创新、引领潮流和拥有激情"；以高品质床垫的品牌优势和技术优势，为现代都市人提供一个全新的选择，在众多国际床垫品牌中走出一条充满活力的健康之路。

通过与穆峰老师的交流和合作，我们不断加深对家装行业的认知。"口碑是装企第一生产力"这一论断具有前瞻性和指向性，也为欧洲 VIV 品牌床垫进一步拓展装企渠道，赋能装企改善体验以及为中高端客群提供高品质产品坚定了信心。

欧洲 VIV 寝具

战略支持及特别推荐二

九根藤与穆峰老师因《"颠覆"传统装修：互联网家装的实践论》（第二版）一书结缘。2017年10月，我们邀请穆老师考察九根藤，并举办了一场读书会，之后以书中的"人效、标准化及降低对人的依赖"等方法为指导创新和迭代产品。2021年12月，我们再次邀请穆老师来考察，九根藤的做事态度和产品理念促使双方达成战略合作。在穆老师的帮助下，九根藤最终确立了产品化整装这一核心理念。

九根藤成立于2016年，是一家真正落实"产品化整装"理念的装企，始终致力于服务客户。最新的9S整装产品可实现"一口价，无增项，快速报价，预算就是决算"，产品包含"硬装＋全屋定制＋成品家具＋窗帘＋电器＋灯具＋软装挂画＋吊顶＋电视背景墙"等，12种风格自选，软装和电器部分可减项，用户可以像买车一样选装修。凭借高性价比，九根藤已服务过上万个家庭，整装产品得到用户认可。

传统家装模式的核心问题就是产品和价格不确定，"重营销，轻交付"，产品化整装模式可以大大降低家装的不确定性，显著提升用户体验，口碑回单率的提升会大幅降低装企获客成本。所以我们很认同穆老师新书"口碑是装企第一生产力"这一论断。只有以用户需求为经营原点，打造好的产品和服务，更好地帮助用户解决问题，得到用户的认可，企业才能走得更远。

九根藤将不断迭代升级整装产品，在进一步提升颜值和品质、交付效率的同时，通过赋能城市合伙人，将高质低价的产品化整装带给更多的用户。

湖南九根藤集团

推荐序一

坚持做难而正确的事，推动家装行业变革

"浪潮中的长期主义，难而正确的家装之路。"我用这句话总结圣都的"二十岁"。

家装行业是一个重服务的行业，体验大于效率，体验大于价格，体验大于规模，让客户能够享受确定性的服务，整个行业才会走向正循环，从而获得口碑。

这是长期的，却也是艰难的。

传统家装市场产业链条长且复杂，服务标准不一，消费者很难掌握相关知识，一旦出问题，维权途径少、成本高，导致传统家装市场普遍效率低下、用户满意度较差。我们发现，几乎所有家装企业都认可口碑的价值。即便如此，行业迄今为止还没有一本研究用户口碑的书。

所以，我深刻理解与欣赏穆峰愿意用五年时间打磨和完善这本书，这是一件"难而正确"的事。口碑关乎消费者对"家"的梦想，品质关乎企业发展的生命线，对于一个行业观察者而言，看清楚、想明白、写深刻，体现了对整个行业的希翼。

对于装企来说，想要收获口碑，有两点一定要坚持。

第一，提升交付品质。家装中涉及的设计、施工与售后服务之间环环相扣，一站式家装服务更考验家装公司的综合实力。其中，落地施工环节尤其重要。在实际施工过程中，施工人员在每一细微处的作业质量都会影响到装修完工后的舒适度、健康安全和品质感。

圣都在 2022 年发起了"鲁班行动"，针对传统的工程管理进行升级，由品质部、工程部、经营部三部门联合进行施工自查，目前正在多个区域试点运行。鲁班行动要解决的是"单一部门巡检容易、闭环难"的问题，

通过明确的规则与指标，分权分责，让巡检真正落地，真查、真改、真闭环，最终提升施工品质。

品质提升必须包括售后环节。据贝壳研究院《2022家装消费趋势调查报告》，仍有超过一半的家装消费家庭遇到售后问题。而圣都家装从2019年开始，就针对客户十大痛点公开推出"十怕十诺"，完善服务"最后一公里"，形成"正循环"。

第二，紧跟消费者需求。家装行业历经30多年的发展，由于产品和服务形态单一，传统家装的服务模式已经难以满足消费者个性化的需求。如今，消费群体对家空间的理解逐渐从"实用的居住空间"转变为"生活理念的表达空间"，不仅要颜值高，还要彰显自己的个性，同时他们希望能获得更多家装体验，能够"看懂"家装。

同时，装企应借助更精细的施工、安装，将繁多的流程标准化、产品化，不断优化体验。比如，圣都家装将整装分为三个模块，即a（标准化家装）＋b（个性化家装）＋c（家装新零售）的组织模式。个性化的产品力与高效可控的组织力的有效融合，满足了客户的一站式与个性化需求，同时也提高了市场集中度，形成规模效应。

每个小的进步，背后是大的坚持。

我一直认为，家装企业的重点不是有多少流量、有多少客户，重点是我们打造核心的能力，即优质供给。消费者家装过程中往往出现各种问题，包括不透明、延期、交付质量不合格等，但行业的低频属性和单次博弈，让口碑的建立需要经历更长的无回报期，因此很多企业不愿意解决这些问题。装企不想办法打造优质供给，消费者自然没有好的体验，行业的发展就有瓶颈，是继续在获取流量上发力，还是在打造口碑的新路上坚持，到了做出选择的时候了。

我相信，正确的事情往往都难。

"君子万年，口碑载路。"行业想要向好发展，需要更多肩负使命的家装人，在这条"难而正确"的路上大步向前！

贝壳副总裁、圣都家装创始人　颜伟阳

推荐序二

相信口碑的力量

家装消费具有低频、高客单价的特点，90％的装修用户在消费决策前，非常关注家装公司的口碑，口碑的重要性由此易见。但行业经历数十年的发展，用户口碑仍处于较低水平。要改变这一现状，唯有装企从业者们真正意识到口碑的价值并践行，从而提升用户满意度。

穆峰老师数年积累，专著几易其稿。这种坚持，让我们看到了他的使命感，帮助装企更加用心服务客户，用更好的体验赢得口碑。

幸运的是，爱空间已经走在这条正确的路上。秉持着"客户是朋友，口碑为王"的价值观，爱空间几年来获得了不少用户的认可，2021年实现了NPS值72％，2022年口碑用户占比超过40％。这些数字背后，其实是相信口碑的力量，与本书中的很多观点是一致的。在此我将爱空间的践行模式与从业者们分享，一同探索家装行业的未来。

装企的施工体系与交付水平是口碑的基础，这是爱空间一直笃信并坚持的。

在交付体验的提升上，爱空间聚焦于工程品质的重要因素——人。我们相信，优秀的施工人员会为用户带来更好的居住体验。经过几年摸索，爱空间确立了产业工人模式，目前拥有8000多名实名认证培训上岗的产业工人。爱空间通过"机制、标准、培训、系统、文化"五个维度的不断升级，一定程度上实现了职业化、专业化、数字化的交付服务，实现了更省心、放心的用户价值，赢得了用户口碑。

口碑的产生，信任是基础，并为用户创造超预期的体验。在用户场景体验地图中，非常重要的一个环节就是到店体验。装企给客户带来什么价值，客户的感受和触动如何，都发生在门店这个场景内。

我们希望通过门店形态的重构，来重新定义"家"与"空间"。我们相信，走进门店的客户心里想的不仅是"我家应装成什么样子"，也是"我和家人在一个空间中如何更加幸福地生活"。我们需要给用户呈现的是生活的样子，而不是材料的堆砌。因此，我们通过洞察典型用户的典型生活场景，结合设计趋势，按照生活方式的不同来打造样板间，收获了很多家庭的认可与喜爱。

爱空间装修的不只是房子，更是构建家人幸福生活的居所。装得好是基础，住得好才是口碑。爱空间始终坚守"24小时"响应用户入住后遇到的问题，以高效优质的服务呵护用户的信任，企业与客户之间不仅是"服务者与被服务者"，更是朋友关系。从家庭烘焙、收纳课堂、餐桌美学，到天使空间打造等，爱空间希望与用户一起探索美好生活的各种可能性。在这一愿景下，与"家生活"相关的从业者和用户愿意参与"美好生活社区"的构建中，形成越来越广泛的口碑生态。

感谢穆峰老师把这本涵盖了"信、愿、行"三个层次的口碑战略战术全书带给行业。这本书是给装企从业者的一套创造体验价值与口碑营销的指南，装企无论是希望通过创新模式打造口碑基础，还是希望凭借服务提升用户体验，抑或想通过口碑营销获得新客，都可以从本书找到答案。本书将帮助装企提升对用户的理解，从而在战略上做出正确的选择，围绕用户口碑打造核心竞争力，势必推动行业正向发展，整个行业将进入更有生命力的时代。

爱空间创始人　陈炜

推荐序三

因为相信，所以看见

随着存量房时代的到来，家装渠道因可满足一站式装修需求，而备受当下主力消费群体的青睐，已成为部品企业获取流量、品牌营销的重要入口，与零售渠道、精装渠道呈三足鼎立的态势，是部品企业顺势而为的必争之地。

我国现拥有4万亿规模的家装市场，家装市场整体呈现"区域性品牌林立、全国性品牌稀缺"的现状。存量市场是红海竞争，如何在不确定性中吸引客户、把握市场，考验每个装企。因此不管是整装、局装，还是清包、半包、全包，基于家装与部品的天然关系，装企与部品企业强强联手已成必然，新零售创新、线上线下一体化融合也成为共同的追求。唯有打造共生共长的命运共同体，装企才能在资源整合中为消费者提供"1+1>2"的极致消费体验，最终实现稳健发展。

作为木地板行业头部企业，德尔顺应家装消费趋势，主动拥抱变化，积极布局家装渠道，全力将其打造成公司新的战略增长点。经过近五年的渠道布局，德尔已与全国大部分头部装企建立战略合作，并在行业内创造性提出"整装赛道，五星交付"的护卫舰模式。

具体如下。

（1）业务方面，成立专门的家装销售平台，头部装企和优质腰部装企均可由总部直签直管，并由各地专业专职的家装经理负责落地对接。

（2）产品方面，为装企提供高颜值、高质价比、高匹配度的上百款产品解决方案，并通过设立"欧洲研发中心""家装产品研发部"等对产品进行动态优化管理。

（3）订单交付方面，成立家装精益供应链专项团队，全国华东、东北、西南三大生产基地和各地家装服务仓全力保障订单的及时、准确交付。

（4）安装交付方面，在全国各地组建专业的安装服务团队，并在行业首创"橙彩"在线交付平台，实现每个安装交付的可视化过程管控。

（5）营销交付方面，积极与装企开展新品发布、联合营销、整装体验店模式打造、设计师游学等活动，增强合作黏性、拓宽合作广度，共同为消费者打造高品质消费体验。

因为相信，所以看见。穆峰先生是家装行业知名的研究者，多年来笔耕不辍，著述颇丰，因客观、理性、深度的文笔而赢得家居行业的广泛尊重。某种程度上，穆峰先生也为企业战略谋划、转型升级、高质发展提供了有益助力。摆在读者朋友面前的这本书，集成了穆峰先生的新近洞见与行业智慧，相信会对企业乃至行业发展有所裨益！

德尔未来董事、德尔地面材料产业总裁　姚红鹏

推荐序四

装修口碑，取之有道

收到穆峰老师关于装修口碑的稿件时，我们恰好正在做积木家近些年装修口碑的复盘。读后，我收获甚大。书中的很多观点都直击装修行业痛点，对口碑的分析和研究直观、深刻且具实操性，特别是结合用户体验场景进行解读，对于装企的口碑打造有很大的指导意义。

欣喜之余，谈谈我对装修口碑的看法。

很多人说，这两年的装修行业步履维艰，这是客观存在的。目前，经济增幅减缓，影响了消费者的消费信心。人们对装企的选择和预算的安排更加谨慎，而对装修质量和性价比又有更高的要求。在当前的经济背景和市场环境下，影响装修成交的关键因素也逐渐凸显出来，就是装企的口碑。

想做好口碑并不容易。

因为装修行业的特殊性，客单价高，复购率低，特别是专业性比较强，在市场快速增长时，装企天然地倾向一锤子买卖，装企和用户的联系只能维系到装修结束。久而久之，用户在和装企接触时总是带着警惕心，于是，用户变得越来越专业，要求也越来越高。

家装是需要口碑支持的行业，却难以把口碑做起来，不少企业用优惠福利换取用户好评，而不是用服务体验赢得用户口碑，这使得用户对行业的信任度进一步下降，形成恶性循环。

在当前严峻的环境中，企业需要把装修口碑当成一门功课。这里我想到了积木家一路走来的 7 年，针对用户口碑，我们总结了一套"2＋4"的方法论，在这里和大家分享。

"2"是指装修的两大原则：好装修要研究用户的家庭需求和房屋情况。

积木家花了大量的精力研究用户的家庭需求和房屋情况。不同的家庭结构有不同的功能需求，不同的房屋情况有不同的装修设计。比如说，二人世界和三口之家，对装修的功能选择是完全不同的，低楼层和高楼层设计风格选择也是不一样的。装企充分了解业主的家庭需求和房屋情况后，才能为业主选择最合适的设计和风格，这是获得好口碑的第一步。

"4"是指装修的四大标准：好看、好用、省心、划算。

这是积木家的装修规则。装企只有不断为用户提供优质的装修体验，才能不断获得市场的青睐。

一、好看是用户体验的基础

目前市面上的装企没有人说自己的装修效果不好看。

但积木家的理念是，装修效果能真正实现才是真好看。我们拒绝设计和施工两张皮，真正做到所见即所得。积木家采集业主的房屋因素和家庭因素后，才会根据具体信息匹配适合业主的装修风格。更重要的是，近些年积木家一直在使用"先试装，再实装"的装修策略，确保用户提前看到落地效果，并且保证优化到用户满意为止。

二、好用是用户体验的核心

对于装修行业来说，房屋最终是要给人住的。以人为本的装修理念就是满足每一个居住者的功能需求，能在有限的空间中，用无限的创意去实现每一个居住者的功能需求，让每一个人都住得舒服。

积木家从成立之始就提出了装修功能细分表，研究不同的家庭成员对于房屋装修的个性化需求该如何完成。

在考察了家庭情况和房屋情况之后，针对性配置房屋功能。一方面需要满足用户入住后的短期功能，提高拎包入住后的幸福感和舒适度，比如女主人的梳妆区，男主人的工作区，夫妻二人的休闲区，都要提前设计好。另一方面还要满足未来5～10年的长期功能，满足长期居住的需求变化，比如：有了孩子就得顾及孩子的活动场地及收纳，和老人一起住的话，还得顾及老人的休息。功能好用超预期，用户体验好，装企自然能获得好口碑。

三、省心是用户体验的过程

装修过程真正让用户省心，也是收获好口碑的关键点。对用户来说，装修过程中有几个点比较关键，包括材料品质、施工工艺、售后处理等，积木家对此非常重视。

积木家的前身是我要装修网，当时的材料市场鱼龙混杂，用户往往需要花费更多的心力和财力去选择材料。我们便提出"让业主便宜方便放心地买材料"的要求，通过团购的形式帮业主用更低的价格买到更好的建材产品。加上"100元定金预定优惠、三个月不满意随时退订、买贵倒赔10倍差价"等模式，口碑飞速上升，短短3年就积累了7000多家供应商，年交易规模达到20亿。

但到了2014年，我们发现只解决材料问题用户还是不够省心。设计问题、施工问题都在消耗用户的精力和财力，于是积木家应运而生。我们将设计、材料、施工、售后整合于一体，真正实现让用户一站拎包入住。

装修过程全链路的整合需要付出很大的管理成本，但这种模式下的用户体验直线上升，好体验一定会带来好口碑。

四、划算是用户体验的结果

划算不是指绝对的便宜，而是指超高的性价比：同样的价位下，买到了高品质的货品；或者同样品质的货品，花低价格买到。好的装修，其实不贵。积木家希望做大多数年轻人负担得起的好装修！

装企都很头疼的一个问题就是价格问题，装修虽然毛利率高，但是经营和营销损耗也不少。高毛利率低净利的行业特点导致用户很难真正买到划算货品。如何给用户带来真正的高性价比，积木家通过控制经营成本和运营效率来解决这个问题。

1. 降低经营成本

一方面，我们坚持小门店大规模的经营模式，即展厅要小，营收规模要大，其他企业要用上万平方米才能做到我们的规模；另一方面，我们减少营销支出，不靠广告靠口碑，通过良好的工地转介绍获取回单。

2. 提高运营效率

在成立之初，积木家一方面建立了采购体系、物流体系、仓储体系、销售体系，通过自采自销的模式，直接从材料厂家进货，中心大仓统一配送，没有中间商赚差价，有效降低了材料成本；另一方面通过采用产业工人的方式，统一培训统一认证上岗，统一调度派单，效率更高，成本更低。

在降低经营成本和提高运营效率之后，我们也有底气提出新的宣传口号：**同城，同价，比配置；同城，同配，比价格**。

其实"2+4"服务理念的核心就是让用户感受到超预期的装修服务体验，用户不需要做什么，但他在积木家拿到的价格明显更低，体验更好，这样自然能赚取好口碑。

入行7年，接触了无数企业和用户之后，我坚信只有坚持做好口碑，装企才能经得起时间考验和用户检验。口碑连接了企业的昨天、今天与明天。口碑始终是家装行业的关键问题，也是家装行业未来发展的方向，有了口碑，才会有更好的明天。

"水能载舟，亦能覆舟。"渔民出海前对大海永远怀着敬畏之心，家装人对于装修用户也该如此，应持有"用户永远是对的，我们永远有不足"的服务理念，持续提升用户满意度，做好用户口碑。

积木家董事长　尚海洋

推荐序五

用"四化"打磨整装，构建用户口碑

口碑是装企的第一生产力。

装修的质量如何，直接体现在用户口碑上。正如本书所说，沿着家装用户"知道—感兴趣—信任—验证—推荐"的体验地图，用户在每个场景中的装修体验都在不断构建其对家装品牌的口碑。

企业必须将关注点从流量及变现回归到用户口碑及转化上，基于用户体验建立从认知到落地的不断优化，才能真正获得用户口碑。穆峰老师作为行业研究者和实践者，本书为相关从业者提供了扎实的理论基础，为装企改善用户体验给出了一些解决方案，相信一定会有很多装企从中受益！

构建口碑是一场基于用户思维的装修体验革命，更是考验企业的产品服务能力和平台整合能力。**靓家居从用户角度出发，用标准化产品和个性化服务为用户提供从房子到家的整体解决方案，通过整装产品化、运营连锁化、服务网格化、发展平台化，不断打磨整装的基本功，构建用户口碑。**

第一，**整装产品化**。装修本质上是服务，靓家居的服务涵盖整装装修、整家定制、旧房翻新等，通过不同套餐践行532整装标准，实现整装产品化，让每个套餐都能有效解决标准化和个性化的冲突。

第二，**运营连锁化**。整装只有实现规模效应，才能在市场竞争中成为有影响力的品牌。通过运营连锁化，靓家居在全国百余家购物中心拥有直营店，方便用户找到，这也是提升口碑的关键体验。

第三，**服务网格化**。靓家居的门店在社区、商圈、城市三级网格化布局，缩短了服务用户的物理距离。社区网格化方面，采用"团长"＋小区交付"站长"模式，即每个小区都有专属的整装设计师、整装顾问、项目经理，缩短靓家居与消费者之间的物理距离；商圈网格化方面，即根据城市的商圈格局，基于小区、社区需求规模和门店有效服务半径，以直营门店为中心辐射至周边；城市网格化方面，更是以城市为单位织网式覆盖，为商圈网格化提供平台能力和人力资源支撑。

靓家居交付调度系统订单直接触达产业工人，公司平台化管理项目经理和培训工人，全流程监管，数据可追踪，公司易于把控不同工地进度，消费者打开手机就能够及时了解工地情况。

第四，发展平台化。靓家居把整装利益相关者整合在一起，为消费者提供完整齐备的服务，即"四个共享"：与员工共享，内部建立合理的激励、分利机制和晋升通道；与供应商共享，靓家居与供应商整合供应链能力；与产业工人共享，从工人技能培训、合理调度、结款保证与个人成长等维度，和产业工人共建；与客户共享，靓家居深耕商圈社区，门店长期服务周边小区的业主，超过一半的订单是客户介绍来的。平台激励老客户带新客户，降低获客成本，同时回馈老客户，形成了可持续发展的良性循环，这也正是口碑的价值所在。

"整装校长"靓家居董事长　曾育周

推荐序六

回归本质，用户为王

改革开放 40 年来，诸多行业兴衰起落；最近 10 年，随着广大用户"从有得住到住得好"的意识转变，家装行业迅速崛起。家装行业一边是蓬勃的发展机遇，一边是存量市场的挑战；一面是专注产品和服务的优秀企业，一面是信息不透明管理不系统等引发的丛生乱象！因此，欣闻穆峰先生有以口碑为主题的新作推出，我倍感兴趣；细读之后，我豁然开朗——本书不仅有基于用户的深度调查而做出的系统整理和深度思考，还有从纷杂表象中提炼出的底层逻辑与核心要素。

首先，我个人认为本书对装企的经营发展，对部品商赋能商的广泛合作，甚至对广大的装修用户都有巨大的助力：认识自己，稳中求变，高速发展，服务大众……

本书的出版正当其时：本书深刻洞察了家装行业驱动力从营销向口碑的迁移，并将用户体验作为装企经营的核心，围绕家装用户体验地图为大家剖析了家装不同环节场景中打造口碑的关键点，理论和实操结合，方便装企调整改善，对部品企业的产品和服务升级也有很大的启发。

其次，我想与各位朋友分享阅读后感知最深刻的两点。

（1）口碑是装企的第一生产力：目前诸多装企都在寻求和打造自己的战略竞争力，有的装企认为模式制胜，有的装企认为供应链优先。在本书中，作者对口碑是装企的第一生产力的观点并做了充分论证，提出了装企大而强、小而美的终局模式，非常值得借鉴。

（2）用户体验地图，知道—感兴趣—信任—验证—推荐：当今时代，"用户为中心"几乎适用于各行各业，对于家庭装修这个强体验的大宗消费，说"用户为王"亦不为过。

本书围绕用户口碑进行了兼具深度和广度、兼顾理论和实操的论述。第1章的乱象描述值得装企研读反思，第2章论证核心观点"口碑是第一生产力"，第3章综述了口碑怎么来（确定性或者说所见即所得），第4章引出了用户体验地图和全链路解决方案，第5章至第8章是对全链路的延展和深入解读，第9章展望了家装行业的未来。这是我读到的第一本从用户维度切入，对家装或者说泛家装整个行业进行系统思考的书，相信相关从业者必能从中汲取养分。

借此机会我想和大家探讨部品与装企合作。2021年6月在某次峰会上，我率先提出了一个观点"随着整装的发展，部品和装企互为甲乙方，需要也必须深度合作"；近期"家装新零售"的概念在业内越来越热，从用户需求端看，F2B2C的模型应用越来越多。

但无论装企还是部品企业，交付始终是一个难点。因此企业在以顾客为中心，在售前、售中、售后服务中全面解决顾客问题，让客户省心、放心、安心。随着消费者需求的改变，我们要与装企互联互通，更加重视彼此合作共赢，深度交互和协同发展。

厨电既具有家电属性，也具有建材属性，因为流量变迁，我们将家装（泛家装）看作未来5年的优先增长机会。方太公司可提供涉及食物、厨具、水收纳的全厨房解决方案，我们希望厨房对用户来说是有温度的，是功能集成的家人共享空间。根据这个定位，在售前我们融入设计场景，在售中我们模拟体验场景，在售后我们重构使用场景，从消费者的视角来提供不同的解决方案，让厨房成为家的中心。

无论是产品定位、服务升级，还是业务的底层逻辑，核心都是以消费者为中心，从消费者的视角出发，深刻洞察消费者使用习惯及装企服务痛点，从研、产、销一体化出发，以仁爱之心，造美善产品；以工匠精神，造中国名片；与装企一起，共同服务好用户。

最后聊一下穆峰先生给我留下的印象：专注又爱钻研，幽默且有才华。本书能给业内人士带来不一样的收获。我相信，无论大环境如何变化，我们从服务用户的维度出发，对用户心存善念和敬畏（用户为王），用心做好产品和好服务，一定能各有收获。

方太集团家装事业部总经理　　何石

目　　录

装修口碑怎么来：重塑用户体验场景

1

装修有口碑吗

1.1　家装行业的乱象

1.1.1　从一位业主同时招来 20 个设计师免费量房说起

很多装企（"家装企业"的简称）打着"免费设计"的幌子吸引顾客，成都一位业主正好利用这一噱头同时招来 20 个设计师为其免费量房。这场面，设计师看了哭笑不得，装企看了不知作何感想，而网友们对此评价不一：

A. "房子是我的，钱也是我花，竞争这么激烈，愿意干就干，不愿意就拉倒呗！业主不信任装企，那是谁造成的呢？怎么不反思一下呢！"

B. "好办法，装企的天天打电话，烦死了，广大业主也应该向他们学习，只要他们敢打电话，咱就敢让他们免费量房免费设计！"

C. "真不是自己要请，那些人天天打你电话，哪有时间一个一个见啊！我也是约他们一起来的。"

D. "作为一名装修从业者，我说说其中的一些内幕。首先是所谓的设计师，普遍而言就是个推销员，谁会忽悠，可能拿到的订单就多；再就是签单以后，装企会先从报价款中直接扣 30% 甚至更多，剩下的才是材料、人工等费用，还有工长的利润。所谓的设计效果图，很可能是在网上找到的差不多的户型效果图拼凑而成的，只说这么多了！"

E. "这种业主还真见过，前几年山西太原一个煤老板的房子，让小区里拉业务的几个装企的业务员全部到他房子里，分别

3

报完自己的装企名字，每家发三千块钱，量完房回去出图吧，哪家的好就用哪家，没选上的三千块钱就当辛苦钱了。"

F."房主自己觉得挺聪明，实际上他是在害自己，低价竞标最后的结果傻子都知道。既要装得好，又要花钱少，不可能。"

G."这种客户我都懒得搭理他，纯粹就是比价格，有这个时间我宁愿打盘游戏或者去小区里寻找别的客户。"

正如上述的网友所说，业主是不信任装企的，觉得有猫腻、不透明，那么就让几个装企一起来，从中挑个最实惠的。但业主哪里知道，装修套路多，还要看交付。业主就算与装企低价签约，后面也可能有很多增项，到最后钱也没少花，业主却未必对交付满意。

1.1.2　装企倒闭跑路事件的背后反思

2017年底实创装饰轰然倒塌。

2018年上半年，多家媒体都报道了"一号家居网"面临业主维权的事情。合肥、常州、泰州、盐城、无锡、淮安、上饶等地"一号家居网"都出现了不能按时施工、拖欠工程款、拖欠员工工资等问题，网上投诉维权的不在少数。2018年5月3日，"一号家居网"官方微信发布了其负责人童铭的致歉信，他针对"一号家居网"当时的情况作了说明，但最终不了了之。详见笔者主编的《增长思维：中国家装家居经典商业评论》中，童铭的文章《1号家居网：从0到30亿，从1城到52城再归零》。

2018年5月5日，湖南苹果装饰集团董事长李齐发表《关于苹果装饰的真相告社会各界书》，5月16日再次于官方微信上发声，称会在三年内按应退金额的200%退还每一个业主装修款，也会还清所有拖欠项目经理、材料商、离职员工的款。三年后，此事不了了之。

同年5月，"我爱我家网"也陷入了全国维权潮。来自无锡、绍兴、青岛、济南等多地的业主们聚集在上海总部维权，同时工长、材料商也随之挤兑，投资方宝鹰股份也要退出，总经理马自强到处奔走也没能救活公司。

下面主要说说实创装饰。

2011 年，实创装饰获得达晨创投、雷岩投资 1 亿元 A 轮融资，之后开办了木作工厂，但无法消化产能。于是实创装饰在全国扩张开店，但布局分散，组织、管理和人才都跟不上。2016 年开始，实创装饰陆续关停部分直营公司，同时，资金短缺问题开始凸显。

2017 年，受国家环保政策和督查不断升级影响，实创装饰位于天津的自有木作产业园无法正常运营；同年，位于北京顺义的库房因区域安全检查导致大量产品不能按时出库送货安装……

2017 年 12 月 8 日，一篇文章《实创，请你还我们的血汗钱》在微信"刷屏"，阅读量过 10 万。该文爆料上海实创装饰涉嫌卷款跑路，一时网上掀起轩然大波，也引发了各大媒体的广泛关注。事件大致脉络如下。

从 2017 年 10 月开始，上海大部分客户反馈出现工地延期现象，客户投诉量大幅提升，但无解决迹象；到 11 月，上海实创装饰员工和管理层大量离职，各个工地都处于瘫痪状态，客户开始聚集；进入 12 月，实创装饰总部先后派了多位高层，但都没能解决问题，导致事件升级。

网上言论大抵分为三类：部分行业从业者、了解实创装饰和熟悉董事长孙威的人大喊加油、挺住，一定会渡过难关；一些竞争对手和同行多是负面的评论和转发；业主、装修用户则多是吐槽、无奈。

12 月 9 日，孙威从国外返京，一落地就在朋友圈发了一大段文字，更多是在解释原因，但对用户缺乏诚恳的歉意。

一位同行评论道："行业里面的友军、材料商可以信任实创，信任孙威，但用户无罪。第一时间给消费者一个交代，这才是负责任的态度，刮骨疗伤也好，涅槃重生也罢，亏损也好，盈利也罢，这是装企内部的问题，用户不关心。"

家装行业一直存在为了签单不择手段的现象，网销、促销、小区爆破、门店扩张、盈利模式……都是装企追求单方面利益的策略和手段。至于用户是否满意，是否能完成交付，却不在其考虑范围之内。装企整天将用户和口碑挂在嘴上，收钱后却兑现不了承诺！不能为用户解决问题，用户不满意，装企跑得快又有何用？没有回单，获客成本持续上升，装企也走不远。

2020 年 4 月 9 日，孙威发布告别信。信中提道：21 年前的今天他创立了实创装饰，今天向大家道别，正式离开实创装饰。他特别感谢了顾家家居董事长顾江生出手相助，对自己未能带领公司走出困境表示可惜。信中还说："之前我们面对的困难是一个死循环，交付不及时影响新用户转化，签单转化率低影响回款，回款不及时又影响交付。"

1.2　口碑与用户品牌

1.2.1　口碑是低频高客单行业的竞争壁垒

看一个产品或服务有两个维度：一是消费频次，二是客单价。两者的高低组合形成四个象限。

生活中主要消费品根据消费频次从低到高排序大致是房子、家装、珠宝首饰、家具、汽车、乐器、家电、数码产品等；根据客单价从高到低排序大致是房子、家装、汽车、家具、珠宝首饰、家电、乐器、数码产品等。

我们发现房子和装修是"低频、高客单价这一象限最有代表性的商品和服务"。大部分人一生可能就买一两次房，一次就能掏空积蓄甚至负债二三十年成为"房奴"。而装修平均十年能有一次，花费几万到几十万不等。

之前在做本书的规划调研时，笔者与几位资深从业者讨论：

A 说："超低频消费行业的口碑重要性对绝大多数装企来说意义并不大。"

B 说："正面影响未必有，负面影响可控。"

上述代表了不少装修从业者的看法。其实，这都是思维惯性，因为装修从业者看了太多用户的不满有些麻木了，或者觉得好口碑很难形成，索性不去管口碑，顺其自然吧。

好口碑要想扩大影响力，是需要运营的，而不是全靠用户的自传播。坏口碑其实也不可控，引爆实创装饰刷屏事件的那篇文章的作者就是实创的用户，对其装修服务不满意所以写文章吐槽，结果便是借助自媒体的力量加速了实创的倒塌。

现在，善于营销的装企之所以能获得一定的市场规模和用户数量，原因如下：一是装修本身很复杂，市场又足够大，基于信息不对称，用户容易被误导；二是行业集中度低，品牌效应小，用户其实没有更多的选择。结果就是家装行业存在大量的低效产能和劣质产能，粗放经营仍有生存的土壤，但不能说口碑没有意义。

相反，越是低频高客单的行业越应该重视口碑，因为口碑意味着用户更快做出选择，并愿意支付一定的溢价。用户消费这类商品或服务，首先会从周围人或信任的渠道去打听其口碑。比如在黄金首饰行业，口碑就是竞争壁垒。

从行业发展来看，行业效率要提升，销售成本要降低，必然依靠转介绍。目前行业低效的一个原因就是"一锤子买卖"太多了，根本不去考虑口碑，而是销售导向，只考虑签单。前端大幅投入，装企获客成本增加，必然导致企业的高毛利率和产品的低附加值，使得装企竞争力降低，更加依赖低价陷阱和过度营销，形成恶性循环。

1.2.2 家装为什么很难有好口碑

前面讲到用户不信任装企，而装企也坑用户，装企和用户真成了冤家。

有调查显示，在用户选择装企的主要依据中口碑占据 88.2%。而实际上装企想要口碑持续向好、稳定，几乎不可能。

（1）**关注度高**。这是由家装消费特征决定的，低频次、高客单、长周期，自住型用户满心欢喜抱着对新居的憧憬选择装企，自然对装修十分上心。用户花了那么多钱，还不清楚好坏，总得知道花到哪里去了。甚至也有用户一天往返几十千米去施工现场看一眼，只图安心。这也体现出业主对装企的不信任，有的还会聘用第三方监理来监工。

（2）**尝试消费成本高**。在家装行业用户尝试消费的成本较高，一旦装企做不好、口碑差，也会影响到用户身边的人，呈现等比放大效应。因此装企一定要做好第一批尝试人群的服务，前端签单的细节以及落地服务、售后反馈都要重视。

（3）**哪怕一个细节没做好都可能前功尽弃**。装修难就难在它是一个全流程的体验，了解、熟悉、上门、签单、设计、交底、施工、材料、监理、售后等每个环节又有很多细节，牵扯多个部门，甚至需要跨公司协作。一个细节没做好，就可能影响用户的体验，好不容易完成了99%，但有1%出了问题，用户也不会为装企人员的辛苦点赞。

（4）**交付品质不稳定**。这是装企所有问题的核心。现有的交付体系包括材料下单、物流、仓配和现场施工作业，衔接度要求高，更重要的是施工作业太传统，完全依赖人工，工艺、工法、工序、工具虽然可以标准化，但人的执行总出问题，也很难防控。

如果工地少，出了问题还好处理，一旦规模扩大，工地多了，运营管理复杂度会大幅上升，品控跟不上，交付品质就不稳定，口碑难以好！

1.2.3 装企目前没有用户品牌

装企交付品质不稳定，直接导致了这个行业没有用户品牌。

品牌是用户选择装修的依据。有的用户看到身边的人装修体验很好，就认为自己装修的体验也会好，但事实不是这样。

（1）**装企知名度极低**。一项数据显示，只有3.73%的消费者可以准确说出一家装企的名称。对比同样低频、高客单的珠宝首饰行业，因为品牌集中度高，知名度自然高，如周大福占到近10%的市场份额。而家装行业有3万亿的家装市场，上市公司东易日盛年营收40亿，仅占比0.13%。

（2）**认知度差，无法长期建立优势认知**。品牌是装企与用户发生的所有联系所建立的印象总和，是用户对产品或服务长期的"优势认知"的叠加。品牌认知就是品牌在用户心中的形象。用户对某些装企的认知多是增项、体验差、服务差等，无法长期建立优势认知。

优势认知就是承诺，是契约，是保障。**放心就是品牌带给装修用户最大的利益。**

听到詹姆斯·卡梅隆这个名字，你会不会想贡献一张电影票？

比如，新上映的电影要不要看，导演、主演就是判断的依据。如电影《阿凡达：水之道》要不要看，詹姆斯·卡梅隆就是判断的依据，《阿凡达》作为全球最卖座的电影形成的优势认知就是判断的依据，这就是用户品牌。

（3）**美誉度不高。**家装行业除高端小众市场溢价高外，大众市场上装企规模化交付品质不稳定，随着规模增加，边际收益递减，甚至为负，导致部分装企利润减少，服务品质降低，口碑下降，基本谈不上美誉度。

1.2.4　重复博弈机制与品牌失灵论

什么叫重复博弈？比如，你报了健身班，去了感觉挺好，下次再去，感觉不好，就不去了，这叫品牌的重复博弈。对于企业来说，要想赢得用户的信任，就必须让品牌不断创造这种重复博弈，让消费者获得惩罚企业的机会。

举个例子，在美国高速公路服务区，麦当劳是不允许加盟的。因为服务区大都是一次博弈，顾客吃了就走，这就会导致无良的加盟商不去把控质量和服务，但对麦当劳的品牌而言，不论在哪里开店，都是重复博弈。不能让一次博弈损害重复博弈，对品牌有害。

家装行业的重复博弈可通过两种方式实现。

其一，通过平台对接需求，如不要让施工交付的工人和用户博弈，而是跟装企（平台）博弈。工人做得好，有单量分配倾斜，保证工人在主观上愿意做好。2018年成立的当家装修就是此类平台，其核心就是给工人高工费，让用户少花钱，平台不抽成，"好工匠，0抽成"，坚持做好运营和口碑。业主可在平台上买辅材，工人经过培训后在线抢单。评价好的工人，抢单率就高，平台就近派单。

其二，深耕细分市场用户需求，服务向家装后市场延伸，如硬装平均十年翻新一次，软装5～10年翻新一次，墙面2～5年翻新一次。家政服务需求频次更高。传统分包模式竞争已经白热化，企业要想突出重围，需要构建重复博弈，坚持长期主义，围绕用户需求研发产品，说到做到，才可能建立用户品牌。

了解了重复博弈，再来谈品牌失灵。当用户对企业的产品或服务不满意时，允许用户惩罚企业，轻则不会再来，重则发帖吐槽，甚至找媒体曝光，而企业不推卸责任，并为此买单，则品牌是有效的。若企业找媒体删帖，采用各种公关手段推卸责任，想把大事化小，这时品牌失灵。

如果认识到了这点，企业就知道如何对待自己的品牌，出事了企业买单，承担后果就可以了。举个海底捞的典型案例。

2017年，海底捞有两家门店被曝出存在卫生安全问题，后厨有老鼠，员工用火锅勺通下水道。事件曝光3个小时后，海底捞马上发表了致歉信。海底捞在反应时间上，没有掉队。

而且，海底捞在信中没有按照"惯例"，说"这是偶然现象""这是个别员工所为"，海底捞承认自己的卫生管理存在问题，说他们每个月都在处理类似的事件。这个态度，起码让消费者看到了认错的诚意。这还不止，两个小时后，海底捞又发出一条通报，列出了7条措施，包括停业整顿、请第三方公司排查卫生死角、所有门店同时展开检查等。同时，海底捞也没有辞退涉事门店的员工，而是从管理层入手整改，并且公布了责任人的联系方式，邀请大众监督。

有人把海底捞这次道歉归纳为三个词：这锅我背、这错我改、员工我养。消费者上午还在愤怒，但下午已经平息了怒火。

英国危机管理专家罗杰斯特在 2005 年提出了"3T 原则",它包含 "tell it all（全部告知）""tell it fast（迅速告知）""tell it truthfully（诚实告知）"。这些原则都是危机公关基本的应对框架，但很少有企业能运用自如。对于个人来说，犯错之后勇于承认尚且需要勇气。对于企业来讲，犯错之后需要考虑的问题更多，例如法律诉讼、投资者关系、消费者信心等，这往往延误了应对的时机。

从某种方面讲，社会大众对组织责任的看法比危机事件的真相本身更重要，企业表现的态度多数时候决定了舆论的走向。这对装企的启发是，出现了客户投诉要积极面对和解决，而不是拖延、推诿，甚至是打官司。如果装企不承担应有的责任，那么品牌将永远失灵，更不可能建立用户品牌。

1.3 口碑就是信任

1.3.1 超预期产生口碑

用一句话解释，口碑是怎么产生的？
超越用户的预期，没有落差感！

让家装用户满意就是别过度承诺

对用户负责，就是要对承诺负责，说到做到，千万别为了签单过度承诺。

在实际谈单过程中，有一些用户经理和设计师凭借用户信息差，预埋了不少个性化项目，装修过程中再增项。还有一些设计师的专业度不够，也会为个性化项目难以实现或超出预算埋下隐患。

让家装用户满意就要减小落差感

家装服务是系统工程，需要政策、流程、标准、制度等多部门合作。

这需要的不仅是事后公关处理与危机处理，更重要的是事前预防、预案、跟踪、泄压。用户不满意，往往是因为最终交付成果和前期营销效果有差异，让人有落差感，所以装企要对用户负责，就是要对结果负责，发挥系统协作，减小落差感。

讲个真实的案例，某用户在网上发帖投诉马桶装错了，阅读量挺高。客诉部门一查，原来是最近马桶缺货，装企给用户安装了一款别的型号的马桶。再一深查，原合同约定的马桶工厂断货，替换方案用户不接受，但供应链部门的态度是爱要不要，因此引发了用户的不满。最后的解决方案是工厂排查资源，更换马桶，或给出一个更具有优势的替换升级方案。这件事情原本这么简单，可装企非得折腾一下，才提出此方案。

让家装用户满意就要管理好预期

管理用户满意度就要建立预期管理制度。超过用户预期将会让用户感动，但要力力而行，满意无止境！在一星级的餐厅，享受到五星级的服务，绝对是超预期的。但在装修领域这不现实。服务成本增加，利润减少，不符合商业逻辑。**装企要思考自己有没有能力达到甚至超过用户预期，设立合理的服务标准。**

① 设立的标准是否超越了用户的预期？

② 这个标准与同行相比有没有差异化和竞争优势？

③ 是否有实力达到这个标准？

④ 达到这个标准需要花多少费用？占总费用的比重是多少？

1.3.2 预期管理要有标准

什么是标准？标准不仅定义要清晰，还要让用户能感知到。

比如广州一家社区生鲜超市"钱大妈"将"新鲜"定义为不隔夜。该店称"不卖隔夜肉"，每晚一过19点生鲜打九折，之后每过半小时再降一折。这种模式很受欢迎。盒马鲜生受此启发也推出了自有肉食品牌"日日鲜"，猪肉、鸡肉，采用充氮包装，"保质期三天，只卖一天。"为了让消费者一眼看出肉的新鲜程度，从周一到周日，每天采用不同颜色的包装。

这两个案例都是在重新定义新鲜的标准。之前人们判断食物是否新鲜靠感觉和经验，而"保质期三天，只卖一天"一下子让消费者有了超预期的准确感知。还有西贝莜面村对菜品"好吃"的定义——"闭着眼睛点，道道都好吃，不好吃不要钱"。

对于装修来说，标准的定义一定要是清晰、明确和可感知的。比如装企积木家对部分人性化设计的描述：

厨房吊柜底板灯——操作台补光，洗菜更干净、切菜不伤手

橱柜阻尼滑轨——自动缓慢关闭，静音无噪

橱柜阻尼铰链——门板缓慢闭合，防止磕碰

厨房专用开关插座——湿手插拔无隐患

浴室柜镜前灯设计——舒适光源不刺眼，妆也画得更好看

卫生间快速排水设计——地面2‰坡度＋回字形地漏＋大口径排水

马桶旁防水五孔插座——方便升级智能马桶

客厅防雷插座——雷暴天气也能放心看电视

类似的还有圣都、岚庭、爱空间、靓家居、被窝家装、住范儿、全包圆和点石家装等，在产品展示和标准描述上都有值得借鉴之处。

就现有家装模式和发展来看，装企的核心竞争力不在于城市网点多少和产值规模大小。一个有价值的装企能全流程建立用户价值感知体系，超越用户的预期，让用户觉得物有所值。一个有价值的装企要有品牌溢价的能力。品牌不是仅靠装企的广告投入换来的，而在于有全流程的超预期的用户场景体验。

超预期的体验就是装企的核心竞争力。

1.3.3 从区块链的底层逻辑看口碑的本质

区块链是分布式数据存储、点对点传输、共识机制、加密算法等计算机技术的新型应用模式，本质上是一个去中心化的分布式账本数据库。其中的共识机制是区块链系统中实现不同节点之间建立信任、获取权益的数学算法。尽管比特币的泡沫很大，但不影响区块链技术的价值，因为价值网、信任关系都有可能被重塑。

比如，某装企去银行贷款，银行会查装企的信用。但如果装企的每个订单都在区块链上做了认证，不可更改，不能作假，在所有节点、所有分布式账本上都有记录，所有参与其中交易的供应商、第三方服务商都可以证明，那么还需要去银行查信用吗？

实力强的家装家居企业，如红星美凯龙、东鹏瓷砖、顾家家居、索菲亚等都可以打一张白条，在装企之间流通。这样，装企的贷款成本降低，银行挣的差价或许会被重新分配。

在家装行业，假设每个装修工地涉及的所有参与者，如生产、物流、仓储、配送、市场、设计、施工、安装、售后等都是一个"数据库"，那么理论上就不需要装企了，区块链重建了信任机制。

口碑是口口相传的，其本质是信任。用户信任装企，才会为装企担保，推荐给身边有装修需求的朋友。

1.3.4　低频高客单价的行业核心是建立信任

低频高客单价的行业的核心是解决信任的问题。因为信任，所以选择；因为信任，所以成交。

比如，买房子为什么先看品牌开发商，如万科、中海、龙湖、绿城，因为小开发商资金规模小，期房容易烂尾，房屋质量没有保证，有的房子还拿不到房产证。老百姓掏空钱包买套房子，风险太大。品牌开发商虽然贵一点，但烂尾概率小很多，一旦出现质量问题产生的社会影响也大。品牌开发商后期物业服务也更有品质。

再看汽车行业，老百姓买车还是看口碑。以前大家都认为外国品牌质量好，许多人甚至加价买进口车。最近几年，合资车减配，"双标"事件频发，外国品牌的车成为汽车质量投诉榜上的常客，光环逐渐变淡。反倒是国产车，二三十万的车子配备了先进系统，性价比越来越高，口碑自然越来越好，逐渐失去信任的合资车品牌日子就不好过了。

对装企来说，没有大品牌，如何建立初步信任？

第一就是店要足够大。

嘉御基金创始合伙人兼董事长卫哲认为，低频高客单价的店要足够大，高频低客单价的店要足够小，中型店是没有出路的。比如嘉御基金投资的全国最大的高端连锁婚礼堂品牌格乐利雅，一场婚礼需要花费 15 万到 17 万。格乐利雅就要把"场"做得足够大，做出好莱坞影棚的感觉，而不是在五星级酒店临时布置。

家装用户希望装修效果是能真实体验到的，所以需要样板间。整装装企都有样板间，追求"所见即所得"。大店能够展示多种风格产品，用户信任度更高。别墅装饰公司往往没有样板间，原因是样板间所需空间大，个性化需求无法呈现。别墅装饰公司应重点展示公司实力或设计师水平，以及公司对家的理解等，让用户相信装企的能力。还有的装企直接将工艺、展厅等做成博物馆的样式，拆开给用户看，给用户讲解工艺、工法和工人等，让用户觉得专业，产生信任。

店足够大，展示效果就更好，信任度就更高，但大店对盈亏平衡线、每月所需单量以及组织和人员配置等要求都更高。

第二就是激发用户的善意。

从家装行业发展趋势来看，用户获取信息越来越透明，用户甚至知道每项成本，所以装企靠材料和人工信息不透明赚取差价越来越难了。所以**家装产品不能只包含材料和施工交付，还要将服务的价值融入产品，才具备溢价能力。**

西方管理学大师德鲁克认为管理的本质是激发人的善意。装企给员工不错的薪水，且帮助其成长，员工就能更好地服务用户，用户满意会带来更多用户，装企的效益就越好。这就是善意的传播，会产生多赢的结果。

装企要激发用户的善意，就要提供超预期的服务，装企内部所有环节的服务和标准都应围绕用户的体验进行。比如在工程巡检中，监理若只是带着用户四处看看，没有呈现装企的标准、规范以及对用户的价值，那么装企在用户的情感和信任账户里就没任何存入，没有建立信任感，只是走过场，不可能激发用户的善意。

2

口碑是装企的第一生产力

2.1 分包机制下大规模交付与口碑成反比

2.1.1 两个诱发原因

原因一：行业特殊性加剧了口碑形成的难度

家装是低频、高客单、多环节、长周期且重度依赖人的家庭重大消费。因为低频，用户平时不关注家装行业，信息不对称容易被坑；因为高客单，所以用户重视，装企一个环节没做好，用户就会心生不满；因为多环节，协同难度大，容易出问题；因为长周期，不能在短时间发现问题，发现了又骑虎难下；因为重度依赖人，所以销售、设计、供应链、施工、管家等多个环节的人员都会对最终的交付体验产生影响。用户自己家做好了，将装企介绍给朋友，但朋友家可能就没做好，朋友还会埋怨其推荐的公司不行，好评就会反转，所以很难形成口碑。

原因二：分包机制下交付品质不稳定

（1）施工过度依赖于人，过程无法被监管，或者监管成本高，存在以次充好、偷工减料的情况；尤其当施工量增大后，优质工长、工人更稀缺，监理流于形式。

（2）人工成本持续走高，市场竞争下装企的毛利率被挤压，尤其是有的装企通过提高工人工作量降低成本，虽然工人总的收益持平或增加，但劳动时长增加，工作质量不能保证。

（3）外部环境的不确定性，装企经营的不确定性，使得"活不断，有钱赚"也有不确定性。

（4）工人独自作业主要靠自律，虽然工序、工艺、工法标准化，但不一定执行到位。一位第三方家装监理负责人告诉笔者，给工人培训几个小时，结果他们只记住了两点：在工地穿好工服、不抽烟。

（5）营销驱动的装企，经常出现做活动集中签单的情况，但在施工地规模快速增加时，往往会产生并积压各种问题，不能及时解决就会拉升投诉率。

综上可见，在当前分包机制和非标准化手工作业的模式下，大规模交付的稳定性难以保证，要让客户满意并推荐很困难。

2.1.2　引发两大后果

一是销售费用增加，影响装企经营成本结构。

口碑下降使得工地回单减少，老用户运营不起来，用户转介绍减少，付费流量成本又越来越高，获客成本自然会增加。

获客成本持续走高，销售成本（获客成本＋业绩提成等）增加，销售费用率上升，若固定成本不变，则主要由销售成本构成的变动成本会增加，总成本随之增加，毛利率不变，则利润减少。

当然你可能会说，天地合、美得你这些行业劣质产能可以低开高走、恶意增项，不用考虑口碑，不用考虑回单，这样不是获客成本也低吗？眼前是低了，但这是饮鸩止渴，大量用户吐槽和维权会让其难以为继，最后这些公司就消失了。随着市场竞争加剧和行业监管加强，这类企业的生存空间会越来越小。

二是规模无法突破，影响商业模型良性循环。

（1）装企难以规模化，遭遇规模天花板。这就导致家装行业的大公司很少，超过一定的规模边界就不经济了，要么走向死亡，要么回归到边界之内。

（2）基于规模之下的"成本领先战略"受影响，如集采、仓配效率会降低。

① 全国规模集采价格受影响。没有了规模，集采价格会受影响。业之峰为了实现根据地战略，每个品类精选一两个品牌，加大单个品牌的全

国集采量，建立你中有我、我中有你的"镶嵌式发展"，采购量不同，合作条件差异大。

② 区域仓配密度低。没有了规模，区域仓配密度下降，供应链效率降低。

（3）基于规模之下的 S 端无法持续投入强化。

① 研发投入受限。没钱，产品研发、信息化建设都会受到影响。

② 人才引入受限。没钱，引进优秀人才受限。

2.2 装企的两种生存法则：大而强和小而美

2.2.1 口碑从第二生产力到第一生产力

过去在家装行业粗放式发展阶段，营销是家装第一生产力，装企交付只要不是太差就能过得不错，因为大家水平都差不多。以包代管是最容易的，但它有天花板，超过一定规模边际就失控了。这种情况下，装企只做口碑也是有风险的，需要在消费者的心中建立口碑认知就更难了，毕竟家装周期长、环节多，其中一个环节没管好，就会影响用户口碑。而且，经过培训的工人队伍和装企口碑的积累都是需要时间的。所以，短期内营销还是第一生产力，口碑是第二生产力，但不能把口碑当成营销的工具，比如刷好评的行为有可能适得其反，会透支装企信用。

近几年，单纯做营销忽视口碑积累的装企，利润被大幅压缩甚至为负，因为获客成本越来越高。行业信息更加透明，负面消息传播更快，加上这两年消费者收入增长缓慢，花钱就更加谨慎，口碑逐渐成为装企的第一生产力，也是持续生产力。这反映了装企组织、管理和内控体系的逐渐成熟，产品、体验和交付的日趋稳定。

全国或区域头部装企如业之峰、爱空间、圣都、积木家、九根藤、九鼎装饰等都意识到了市场的变化，有了行动。

2022 年爱空间将战略关键词从"闭环、复制和发展"调整为"体验、

口碑和热爱",把服务作为装企的根,聚焦在 NPS（net promoter score,
净推荐值）上,凭借多年标准化、信息化的积累,围绕用户口碑打造整装
闭环的全链路客户体验,升级供应链合作,提升产业工人待遇,在变局中
反而爆发出增长韧性。

2.2.2　影响装企"规模"和"经济"的核心变量

获客到签单是小闭环,交付到售后是大闭环。营销是第二生产力,口
碑是第一生产力,分别对应小闭环和大闭环。营销力弱,口碑力强,则是
小而美的装企；营销力强,口碑力弱,虽然规模大,但不一定有价值,即
规模价值不强。

装企规模价值公式：

$$S = K \times N / R_1 \times R_2$$

其中,S 代表装企的规模价值,K 代表均客单价,N 代表用户数量,
R_1 表示付费营销成本,R_2 是口碑回单成本。

当 K 和 N 增长缓慢,而付费营销成本 R_1 费用上升,同时免费回单
少,R_2 也在上升,甚至导致营收都无法覆盖营销费用。**小闭环决定了付
费营销成本,大闭环反映了口碑回单成本。是否有规模价值,长期取决于
口碑回单成本。**

先做好大闭环,再发力小闭环,会有爆发力,方林武汉就是典型案
例；小闭环做好再打磨大闭环,会遭遇组织心智的强大阻力,突破这一阻
力才有规模价值。

目前,绝大多数的装企还是在解决签单转化率的问题,所有的行为都
在前端签约发力,都在做小闭环。小闭环做得很好,但大闭环断了,这是
行业的劣质产能,会被淘汰。

"小闭环＋大闭环不断环"的装企则需要跑赢时间,利用行业的窗口
期打磨规模化的稳定交付；只做大闭环不做小闭环则是小而美的装企,有
口碑,有用户价值,但做不大。

2.2.3　做小而美的装企要能"咬住"

竞争日趋激烈,多数装企不能突破"规模不经济"的限制,做不大,

也不强，于是小而美就是最好的选择。这也是战略聚焦，集中兵力攻打区域市场、细分市场，有了根据地后，积累实力，等待机会，再求做大做强。

小而美的装企不是按产值划分的，而是按创始人的心理预期设定的，一般其定位在行业中等偏上。比如在新一线城市，产值在 5000 万～3 亿，另外得符合下面几点。

小而美的装企营销成本低于行业平均水平，有用户价值，有口碑。用户装修完觉得好，会介绍给亲戚朋友，装企就有回单，回单率不应低于45％，即付费来单两个，就会有一个回单。

小而美的装企应该是财务良性的，先款后货，不欠供应商的钱，每一个工地都盈利，工地竣工再给设计师发放剩下的提成。湖南九根藤装饰在湘潭一年产值 1.2 亿以上，一年服务约 1500 个业主，而当地市场总量不到 2 万户，其服务业主数量占比较高，产品性价比很高。九根藤成功的很重要的一个原因就是厂家集采，先款后货，拿货价很低，也倒逼装企建立极强的现金流管控体系。

小而美的装企不会拿着供应商的钱去扩张开店，不会逾越规模不经济那条红线（比如干 1 个亿比干 1.5 个亿更挣钱，还轻松），在能力、团队和资源所在范围内达到最优，要能执行，还能"咬住"。

能"咬住"的关键是要忍受过程中业务和人员的流失，最终不是为了多签多少单，而是少签多少单，保证交付和服务的稳定性，让口碑不滑坡。

用现金流去扩张的装企，除了装企自身想做大或拆东墙补西墙的原因，还有就是为了给管理层开拓更多发展空间。小而美的装企没有这方面的空间，而是基于用户服务链延伸出新价值空间。

2.3　口碑就是要为用户创造"真价值"

2.3.1　为用户创造价值不能搞"假动作"

一些装企高举为用户创造价值的旗帜，私下里"假动作"太多，即承诺多，描绘美，但交付不好。

绝大部分有一定规模的装企想服务好用户，想为用户创造价值，不想被贴上"坑蒙拐骗"的标签。但在经营过程中，由于各家装企产品、获客、转化、交付、组织、信息化等关键要素水平参差不齐，导致"文化只上墙，口号嘴上喊"，践行用户价值的理念落不了地。

于是，装企在产品包装、供应链、施工交付、服务等很多方面的动作都成了围绕营销进行的"假动作"，不一定能创造用户价值，只是为了吸引其到店，尽量促成签约。比如，一些装企将施工工艺"过度包装"拍成短视频对外传播获客，有的用户发现自己家不是这样做的就会留言吐槽，这就成了负向传播。

只要获客问题没解决，销售转化率不稳定，口碑回单过低，那些坚持用户价值导向的装企在执行时就会不自主地往营销倾斜，毕竟生存都没解决，谈其他太奢侈。装企也是一样。

我们会看到一些装企对外宣传的产品内容和实际交付的产品是有差距的，装企说得天花乱坠，实际执行却打折扣。因为装企不过度包装，不找差异化，产品就没有卖点，影响上门，影响转化。久而久之，很多装企承诺的产品和交付的产品相差甚远。

当"假动作"被更多人了解后，上当的人就少了，装企获客成本会上升。这时，装企为了生存就不得不开始思考，到底什么是家装用户的价值诉求。

2.3.2 用户装修房子要的是产品还是服务

用户到底要什么？不管是产品，还是服务，还是服务＋产品，都是装企自己的定义，跟用户最终的需求不一定匹配。

产品驱动的装企即便标准化成熟，但套餐不够好，最后的装修体验也不一定好；服务驱动的装企若服务到位，即便运营效率不高，但最后的装修体验不见得就差。

如果把家装看成产品的组装及制造，工地交付有标准化的配件，也有个性化的定制部件，那么用户体验还有必要吗？

从用户洞察到千人千面的终端呈现，从签约到交付，部品从工厂到用户家里集成……细拆之后就剩数字智能化和各种服务了。但数字智能化只是帮助提升运营效率，很多环节还是要靠一对一或一对多的服务才能落地，评价服务好坏就看用户体验了。

用户群体日益细分和需求碎片化，使得单从产品发力打造跨区域爆款标准套餐的难度大幅提升。所以装企做区域市场，就要聚焦在核心能力上，比如服务好，水电全城最专业，施工效率高等，能跟随用户需求迁移，通过精细服务改善用户体验。

不论是产品还是运营，最终用户能感知的是体验。笔者上次去爱空间就讨论了这个问题，**客户首先要的是服务，包含什么，不含什么，施工做得怎么样，其次关心的是价格，最后决定口碑的还是体验。**

体验的外延大于服务，产品＋服务做好了，体验也不一定好，因为过程不一定顺利；而体验好了，产品＋服务的交付就不会有什么问题。

综上我们再看，用户装修房子要的是产品还是服务？其实都不对，要的是装好房子的良好体验。归结一点，要的是用户体验。

2.4　家装行业的"1"是口碑，背后是体验

2.4.1　围绕需求端的"1"建立供给端的"1"

"1"，指第一性原理，源于古希腊哲学家亚里士多德的哲学理念："在任何一个系统中，存在第一性原理，是一个最基本的命题或假设，不能被省略，也不能被违反。"所谓万变不离其宗，抓住了这个根本，装企才能跳出形式的束缚，在快速变化的世界中得以生存和发展。

家装需求端不变的"1"是用户体验，有好体验才有好口碑。目前，在家装的产品化进程中，服务属性仍占主导，大产品包括服务力，去服务或弱服务基本是面向出租房市场的，但主流家装市场一定是基于交付承诺兑现的用户预期管理，并能因良好的用户体验实现用户运营。

供给端不变的"1"是建立相对竞争优势，可能是设计、营销、交付、运营、管理等环节中的一个或两个，基于需求端的"1"建立供给端的"1"，装企才能可持续发展。

比如天地和低价营销、恶意增项的劣质产能，它的"1"是营销获客和销售转化能力强，通过低价吸引到店，再恶意漏项做小客单价签约后再增项，用户交付体验很差，售后维权问题一大堆。劣质产能将单次博弈利益最大化，不是以用户体验为中心，所以这样建立的"1"没有可持续性。

西安的翼森设计以创造品质好家为使命，不断强化"设计＝实景"（即让设计图达到80％以上还原度）这一核心能力，其他能力围绕这一能力构建，从而建立相对竞争优势。"设计＝实景"就是它的"1"，半包切入，提供主材、家具、软装、配饰及家电等服务，有的用户看不上某个单品，装企就提出采买建议和指导，最终能让设计方案以尽可能经济的方式落地。这是符合用户价值的，以需求端的"1"建立供给端的"1"。

再比如方林装饰的"1"是交付，20年来深耕交付打造自有产业工人，每开拓一城就先投入建设交付体系，让这个能力慢慢长起来。而不像其他装企先大规模获客，交付能力的不足后续再修补，结果积重难返，企业没时间也没精力弥补前期不足，使问题变得更复杂。

如果供给端的"1"是更高效率，须平衡用户体验。因为装企效率的提升可能会导致用户体验变差。装企不断优化运营中的损耗，不断让各项销售转化率更高，也可能导致用户体验变差。所以运营效率更高是有前提的，就是基于用户体验的效率提升。当然，刚需客群、改善房客群、别墅客群等的体验标准不一样，效率和体验之间的平衡点也不一样，装企应自行调整。

装修行业本身的重交付属性决定了供给端的"1"一定要建立在需求端的用户体验基础之上，这和餐饮的轻交付、简单交付有很大区别。

这就是为什么一些装企运营效率不高（即变动费用和固定费用较高），但仍有较好的用户体验的根本原因，一定要理解行业的"1"到底是什么？两个"1"之间的辩证关系。

2.4.2　供给端的"1"要注意这几个问题

很多有一定规模的装企需要强化的能力很多，产品研发、设计、销售转化、交付、供应链、服务，以及运营、信息化、组织等，其所围绕的"1"要么太大，要么离目标用户的核心价值太远，以至于全链路都要强化，但资源和能力有限，往往投入产出低，损耗大。

如果装企只是围绕产品发力，会因为客群的不精准，或者用户画像迁移使得产品迭代不停变换，还要受到成本的限制。

现在来看，**基于产品的"1"难有复制性，准确地说，基于 SKU 的标准化无法从根本上打造好产品。**

另外，供给端的"1"为什么是相对竞争优势，而不是绝对竞争优势呢？这是结合行业现状来说的，我们没有讨论将来的装修模式，只是就当下来讲。

目前供给端的"1"更多是在前端发力，从营销获客到组织力转变，或者两者都在强化；而对后端的建设投入不够，做交付的"1"很少。结果是业务端拖着运营端和交付端走，体量越大，问题越多。

2.4.3　规模、效率与体验要平衡

商业进化的路径是运营效率更高，产品及服务成本更低，用户体验更好，家装行业也是这样。但效率和体验是同步提升的吗？先有效率还是先有体验？规模在其中扮演着怎样的角色？

这取决于装企本身。对于区域头部装企来说，规模是慢慢形成的，比如做到 5 亿产值，可能就到了规模经济的天花板，产值再增加，产品的适配客群可能减少，获客成本不经济，组织不支撑，管理跟不上，交付质量下降等问题就显现了，可能做到 7 亿产值还不如 5 亿时的利润高。有了规模，没了效率，体验也会下降。

装企的区域规模会影响获客效率、供应链效率和交付效率，有的要素随着规模的增加效率会提升，有的要素则会下降，比如工地质量会影响用户体验。也就是说，效率高，体验不一定好；体验好，效率大概率不高。

对面向中高端客群的装企来说，先有体验，再说效率，唯一的产品就是服务，服务的本质就是体验；对面向经济型刚需人群的装企来说，则得有规模，才能降低产品成本，有利润投入信息化建设，再反过来提升效率，体验可以是短板，但至少应保持行业平均水平。

3

装修口碑怎么来

3.1 从人类演化史看用户体验的确定性

3.1.1 确定性是人类基本需求之一

全球瞩目的新锐历史学家尤瓦尔·赫拉利在《人类简史》这本书中说：人类在演化过程中，食物的获取由采摘和渔猎发展到农耕和畜养，就是为了食物获取的稳定性、确定性，而后农业和水利的发展，及野生植物的引种和栽培，都增加了粮食获取的确定性。

再从人本主义心理学家马斯洛需求层次理论之第二层安全需要来看，安全感就是渴望稳定、安全的心理需求，属于个人内在的精神需求，是对可能出现的对身体或心理的危险或风险的预感，以及个体在应对处事时的有力或无力感，主要表现为确定感和可控感。

再看商界，2017 年当博通出天价要收购高通时，中国手机厂商为何着急？

这两家通信巨头的收购与反收购拉锯战已经 PK 了两轮，当博通亮出首轮报价求购高通的时候，以 vivo、OPPO、小米等为代表的中国手机厂商就迅速站队，纷纷选择为高通站台，并表示将一同抗衡博通的收购行为。

vivo CEO 沈炜表示，现在与高通的合作结果很好，但假如高通被博通收购的话，则会带来不确定性，作为企业很厌恶不确定性。

OPPO CEO 陈明永表示，收购案存在很大不确定性，担心博通收购高通后有垄断嫌疑，这对消费者不一定是福音。

2018 年当美国政府试图绕过世贸组织争端解决机制，采取单边行动针对中国发起贸易战时，纽约股市三大股指分别有所下降。原因就是中美爆发大规模贸易冲突会使得市场未来极具不确定性，投资者的恐慌性情绪加剧。

再比如受俄乌冲突影响，2022年全球面临粮食紧缺、能源价格高涨和金融体系波动三种风险。俄乌冲突不仅造成重大人道主义危机，还可能使2022年世界贸易增长减半，也会拖累GDP增长。联合国贸易和发展会议将2022年全球经济增长预期下调至2.6%，并建议采取行动应对全球经济的不确定性。

2022年4月29日，中央政治局会议对当下形势判断认为："新冠"肺炎疫情和乌克兰危机导致风险挑战增多，我国经济发展环境的复杂性、严峻性、不确定性上升，稳增长、稳就业、稳物价面临新的挑战。做好经济工作、切实保障和改善民生至关重要。5月25日，国务院召开全国稳住经济大盘电视电话会议，强调二季度经济必须合理增长，并推出了12万亿的救市计划，保障今年经济增长目标完成。

追求"确定性"一直是人类演变过程中的一个特征，也是人类基本需求之一。

3.1.2 家装行业的不确定性导致了整个行业的信任危机

传统装修的价格、设计、材料、交付、工期、效果等都不确定，再加上服务周期长，时间成本高，出错概率高以及SKU庞杂等因素，影响装修的整体交付稳定性，所以这个行业一直遭人诟病，发展缓慢，出现了"大行业、小装企"的高度分散化市场格局。

效果的还原度、质量的稳定性、工期的确定性、服务的满意度，价格的合理性和保障的完整度，构成了家装产品确定性的六大要素。

确定的效果：最终的落地效果和设计效果是否一致？是否存在偏差？

确定的质量：施工的工艺细节是否标准？功能稳定性高不高？

确定的工期：施工工期是否合理？是否能够按时交付？

确定的服务：业务人员的服务态度如何？服务体验是否良好？

确定的价格：产品报价是否透明？过程中是否有增项？

确定的保障：装修质量怎么保障？装修资金怎么保障？出现了问题怎么办？

没有确定性就没有信任，没有信任就没有口碑的基础。结果（效果、价格）确定性是家装用户体验的基础保障，交付（工期、保障）完整性是用户体验的过程保障，品质（质量、服务）稳定性是客户良好体验的根本保障。为什么说做口碑先要保证装修产品的确定性？因为人们只会把自己认为确定的东西推荐给朋友，确定性才是口碑介绍的基础。

3.1.3 客户做出选择的关键是"信任连接"

1. 客户通过"信任连接"选择装企

根据土巴兔调研数据，客户选择装企时关注的因素如下。

    a. 装企的口碑：88.2%。

    b. 使用材料是否为一线环保品牌：67.0%。

    c. 装修报价是否适中：55.0%。

    d. 设计方案是否满意：48.5%。

    e. 装企的规模与品牌：46.0%。

    f. 售后是否有保障：42.0%。

    g. 装修工期是否合理：33.0%。

信任是影响客户做出选择的关键点，首先是老用户评价和口碑介绍，再就是一线环保品牌的背书。口碑和背书都是"信任源"，客户会自发连接。对装修用户来说，信任的背后是要质量放心和过程省心，哪怕多花些钱也行，而不是占多少便宜，因小失大。

2. 哪些关键场景可以建立"信任连接"

到店前——线上场景：通过社交媒体平台、美团点评家居、搜索引擎、装企官网、着陆页、微信公众号等线上渠道查看效果图、了解装修流程和攻略、查询设计与报价、找装企、寻口碑推荐、与其他业主交流，初步确定几家待进一步了解的装企，过程中会主动或被动填写个人装修信息。

装修前——门店场景：装企业务人员（家装顾问、电话销售人员、客户经理）拿到客户线上留存的信息后电话邀约上门。客户到店后详细了解报价、设计、材料、工艺、装企情况后决定是否签单。

装修中——工地场景：签订合同以后，客户需要对装修进程、装修品质有一定的把握和及时反馈，对装修过程的细节及时确认和协调管理。

装修后——售后场景：希望装修后服务有保障，而不是施工完成后就结束。

以上大致罗列了客户装修的关注点和体验的关键点，这些都是和客户建立"信任连接"的关键场景。

信任链在进行深度拆分之后，就是用户体验地图，将在下一章中详细进行讲述。

3.2　形成装修口碑的关键因素

口碑就是用户对接受的产品或服务比较满意，产生良好的用户体验，进而向周围人传播分享。周围人经过使用，再进一步扩散传播，逐步形成口碑效应的过程。这个过程需要强有力的运营激励方式作为触发器，因为"酒香也怕巷子深"。

3.2.1　什么是用户体验

用户体验，即用户在使用产品或服务之前、使用期间和使用之后的全部感受和认知，包括情感、喜好、印象、生理和心理反应、行为和成就等方面。最早关注用户体验的是互联网行业，因为其产品是在线化的，使用体验直接关系到用户流量和企业营收。

随着"互联网＋"在各行业的推进以及数字经济的发展，用户体验等概念被其他行业广泛借鉴和应用。影响用户体验的维度已经不仅仅是线上的界面设计、网站设计，而且开始延伸到供应链、服务等整个业务链条，多个环节都会影响用户体验。

1. 用户体验首先要以用户为中心

从用户角度出发，所有的服务和体系都应该以用户为中心来展开。以装修为例，跟用户接触的主要人员应是懂装修的顾问，他们应了解装修、了解生活情景，有经验，装修应让用户有美好生活的愿景，而不是"今天有优惠，不买你就吃亏了"这种令人反感的方式。不要行"以客户为中心"之名，做"以装企为中心"之事。

这里有一个概念需要澄清，"客户"和"用户"的区别。我们在对装企进行调研时发现，大多数装企在内部沟通时都会习惯性称装修顾客为"客户"，而"用户"这个词在互联网公司有较多提及。这两个词最大的区别在于："客户"是生意的主体，有交易的成分在里面，重点在成交，是弱连接；而"用户"是使用产品的主体，有使用反馈的成分在里面，重点在服务，是强连接。看似一字之差，背后的商业逻辑有很大区别。

经营装企的本质其实是管理用户，面向用户的运营才能使装企未来的发展有更大空间。

2. 让用户觉得有控制感

在装修过程中装企应让用户自己选择空间，他可以分享给朋友、家人，自己会有决策感。装企应让用户享受专属服务，从装修到入住的全过程都是体验的一部分。装企不同于快消品和零售行业，装修产品涉及的材料品类繁多，施工流程繁杂，用户在整个装修过程中有极强的参与需求，这部分需求也需要被关注和满足。

用户体验设计的终极目的是设计出一条服务转化路径，并且让用户按照设定的路径走完全流程，最终还要让用户感觉到是自己做的选择决策，感到掌控权在自己的手里。

3. 用户的体验感受是可以量化的

在装修服务周期中，用户的心情可能是不断波动的，如果分析用户在每个过程点的感受，用户体验感受可分为五个层级：糟糕、不舒服、一般、舒服、愉悦。不同的体验感受层级，用户会有不同的反应和举动。

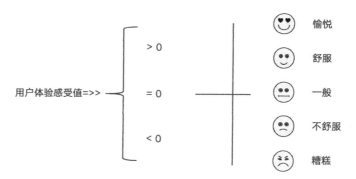

用户体验感受值

糟糕：某些举动严重低于用户的心理预期，触碰了其底线，此时用户有极强的批评等情绪化举动，甚至可能产生一些投诉、对峙等过激行为。

不舒服：某些举动稍低于用户本身的心理预期，导致其质疑、畏难情绪，但用户的情绪尚且可以控制和疏导。

一般：某些举动接近用户的心理预期，认为正常情况下就是这么做的，没什么特别之处，也没有被用户特别关注和留意，印象不深，不会产生正向或者负向的评价。

舒服：某些举动高于用户的心理预期，出乎意料，用户感受良好，比较满意，容易给好评并分享。

愉悦：某些行为远远超出了用户的心理预期，给用户制造了惊喜感，用户瞬间产生兴奋、称赞、感谢等举动，此时用户有分享感受、展示幸福感的欲望和冲动，也叫用户的峰值体验。

这就要求装企在日常运营中对用户感受和反馈有一定的敏感度，对低于用户预期的体验点进行优化改善，及时疏导用户的负面情绪。

4. 用户体验是 CEO 的一把手工程

用户体验跟装企中的每一个组织、每一个部门都有关系，装企要站在用户体验的视角赋能这些部门，对产品进行融合。装企越做越大，存在的问题也越来越复杂，因此用户体验作为装企重要战略，CEO 必须一手来抓。体验战略是一个长期的总体规划，包括传递的核心价值是什么，给客户带来什么样的体验、情绪、感受，落到渠道和触点、产品与服务、员工和行为、内容传达上，要用什么样的体验方式跟用户接触。

5. 做好用户体验就必须打破部门之间的隔阂

品牌推广和传播、营销获客和邀约、产品销售转化、施工交付落地、售后质保和维护，这几个模块在很多装企都是由多个部门来负责的，可能没办法系统地让用户形成整体体验。随着装企规模扩大，一体化整合的难度越来越大，"部门墙"的阻力也会越大。这就是为什么夫妻店式的小装企规模不大，但往往用户口碑还不错。一定要打通部门鸿沟的限制，建立能串联用户体验的组织关系。

大部分装企不能完全打破以前的组织架构关系，怎么办？装企必须有一个服务蓝图——适合自己装企的"用户体验地图"，它分为两个层面。

（1）用户使用产品的服务全流程图，完整呈现用户的服务体验流程；

（2）用于支撑用户服务体验的业务流程，包含了岗位角色、部门职能划分，岗位衔接标准等。让装企所有人都有全局作战的共识，打造以用户服务体验为主线的流程性组织，从根本上打破部门之间的隔阂。

3.2.2 用户运营，到底运营什么

用户运营，就是从用户获取、促活、转化和召回的全生命周期进行提升动作。市面上关于用户运营相关的岗位有很多，比如社群运营、会员运营等。在家装行业里常见的岗位有家装顾问、活动策划、社群运营、在线客服等。究其本质，所有跟用户服务相关的岗位都属于用户运营，因为目标都是给用户提供满意的服务体验。过去家装行业的岗位服务是分段的，导致用户体验不好，尤其是在不同岗位之间衔接时，因为信息不完整、不一致，信息断层、衔接不通畅等，影响用户的装修体验。

用户运营，我们从以下几个维度还原其全貌。

1. 用户运营的目的是什么

对于装企来说，用户运营的核心目的主要集中在以下几方面。

① **增加新用户，实现增长**。深度挖掘渠道，获取更多新用户，即"开源"。

② **增加转化效率**。线索、预约、上门、订单、合同签约，每个环节都会有损耗，也就是"转化率"。怎样通过有效优化各个环节，提升转化率，降低损耗率，这是摆在每个装企面前的一个课题。

③ **增加用户黏性**。引入整装产品，促进用户的搭载销售占比，比如销售完硬装之后，再搭载销售定制品、家具软装产品。

④ **增加转介绍率**。这是本书探索的核心话题，怎样通过用户的口碑传播，带来更多的新用户。

2. 做好用户的标签化管理是用户运营的第一步

对于装企来讲，用户是装企的核心资产，但是由于这个行业的信息化程度不高，服务过度依赖于人，从业人员的流动性比较高，装修服务时间跨度长，装修服务涉及的人员多等，导致用户流失率高，粗放式运营损耗巨大，多角色服务体验不稳定等问题。

如何实现用户的精细化运营？如何有效管理用户生命周期？在解决这个问题之前，先要做好用户的标签化管理。

① **用户分阶段管理**。用户装修过程大致可以分为装企筛选、方案设计确定、施工交付服务、售后服务保障四个阶段。每个阶段用户的关注点和体验要素有差异。

装企筛选阶段：本地装企有哪些？装修方案有哪些？装修口碑怎么样？大家是怎么评价的？在哪里可以找到？等等。

方案设计确认阶段：效果好不好？材料配置合理吗？施工方案有保障吗？价格合理吗？服务方案靠谱吗？等等。

施工交付服务阶段：装修手续怎么办理？施工进度怎么把控？出现施工问题怎么处理？施工质量怎么验收？等等。

售后服务保障阶段：出现问题怎么办？质量怎么保证？入住之后房屋怎么保养？售后维修能管多久？等等。

② **用户分层分类管理**。从获客端到签约成交端，装企的用户数量是逐渐衰减的，并且用户资料信息分散在市场人员、销售人员、设计师手中。随着用户数量的不断增加，用户信息的管理难度也会不断增加，信息损耗严重。没有有效的运营策略，完全依赖于个人的自主能动性，运营结

果差异很大。用户分层是以用户特征、用户行为等为中心对用户进行细分的一种精细化运营。

按照服务周期划分

根据用户的整个服务周期，对用户进行标签化定义和管理，制定针对性的策略和方案，促进用户向下一个环节流转。这个工作基本是在装企的获客、销售、施工三个大部门之间衔接完成，需要专门的策划人员负责串联整个周期的运营策略和运营标准。

用户行为——用户类型

装企查找——浏览用户

线上预约——预约用户

面谈了解——到店用户

产品预订——订单用户

方案签约——合同用户

工程施工——开工用户

竣工验收——竣工用户

选择放弃——沉淀用户

从用户行为路径来看，在每个环节流转的时候，都会有一部分"沉淀用户"，就是这部分用户选择性沉默了，可能是选择放弃，或是持观望的状态，不再跟业务人员进行信息互动，也不再往下一个环节流转。这部分用户就是装企最大的一部分沉没成本，即隐形损耗，尤其是在流量成本日趋于走高的当下，怎样有效地激活每个环节的沉默用户，至关重要。

按照用户消费喜好划分

根据用户消费决策的关键要素（设计、施工、材料、价格、服务等）进行用户划分，可以帮助业务人员快速捕捉到用户的需求，找到沟通的突破口，建立跟用户的沟通桥梁。

关注设计型用户：对设计有自己的想法和偏好，对设计师的要求比较高，满意的设计方案是成交的关键因素。

关注施工型用户：对施工质量要求极高，有一定的施工工艺认知。

关注材料型用户：装修前做了大量的材料品牌了解和对比，对品质有一定的要求。

关注价格型用户：价格敏感型用户一般在装修前有明确的预算，卡着预算做装修，先确定价格再确定方案，这类一般是刚需型住房用户；价格不敏感型用户看重装修质量，先定方案再定价格，可能前期有预算，但是预算可进行调整，一般是改善型住房用户。

关注服务型用户：随着社会生活节奏的加快，很多装修用户都没有时间再跑工地、跑建材城，他们越来越关注一站式的装修服务，对服务的品质也提出了更高的要求。

按照用户成交意向 ABC 划分

根据产品初步匹配度、用户成交意向度、装修紧急程度，把用户分为 ABC 不同的类型。针对不同类型的用户，可以确定相应的跟进频次、跟进话术、跟进策略。

A 类：产品匹配度高、成交意向度高、装修急迫程度高

B 类：产品匹配度中、成交意向度中、装修急迫程度中

C 类：产品匹配度低、成交意向度低、装修急迫程度低

按照购买产品类型划分

用户会根据自己的消费预算、产品匹配度、方便程度、装修效果等因素，确定自家装修的最终方式。从用户端来看，用户希望得到的产品是一站式打包服务，但前提是价格和品质在自己的预期范围内；从装企角度看，装修的打包程度越高，综合搭载销售率越高，装修的客单值越高，但是整合难度也会越来越大。

按照房屋属性划分

精装房用户：地产开发商已经完成了基础硬装部分的施工，但因为其装修标准存在差异以及用户的审美标准不同，大多数精装房用户拿到房子并不能立刻入住，还需要对空间进行微改造和配置软装才能最终使用。

毛坯房用户：毛坯房在南方城市也称为清水房，也是装企必争的一个主战场。从目前的分布来看，一二线城市的毛坯房占比正在逐年降低，三四线城市毛坯房的占比相对较高。

老旧房用户：一线城市和新一线城市因为开发建设的时间比较早，再加上近年来土地资源的紧缺，导致二手房市场的活跃度逐年递增。很多二手房交易完成之后都需要进行再次翻新改造。

按照用户选择产品划分

半包用户：设计服务＋施工服务＋业主自购主材和一部分辅材。

硬装用户：全屋设计＋基础硬装施工＋硬装主材＋硬装辅材。

软装用户：全屋设计＋空间微改造＋全屋定制＋家具软饰＋灯具。

整装用户：全屋设计＋硬装施工＋硬装主材＋硬装辅材＋全屋定制＋家具软饰＋灯具。

旧改用户：局部微改造/全屋翻新/局部空间换新。

将用户信息按照生命周期、消费喜好、成交意向、购买产品类型等维度进行管理，制定相应的策略是用户运营的基本准备工作，能够极大地推进用户精细化管理。

淘宝最早提出的"电商千人千面"策略，也是基于用户的精细化运营思路而提出的，就是针对用户在电商、社交媒体等平台的浏览轨迹形成的兴趣标签，再加上淘宝基于海量商品的关联标签，进行智能化推送，页面内容基于人的兴趣爱好自动适配，以达到"千人千面"。

3. 用户运营的 4 个关键原则

① 用户运营是以用户为核心，围绕用户进行的一系列干预动作，主要围绕开源（引入用户）、促活、转化和节流（避免流失）的闭环。在明确运营目标的前提下制定运营指标，包括第一关键指标和具体业务的阶段性指标。

② 从"流量"思维转化成"留量"思维，从传统的"杀猪模式"转变为"养鱼模式"，通过和用户建立亲密关系进行情感经营，实现细水长流式的用户资产运营。尽可能地延长用户服务周期，通过精细化运营实现用户价值不断提升。比如，硬装产品销售完成之后，可以推荐用户购买定制产品和家具产品，实现搭载销售，提升用户的复合订单客单值。

③ 离消费者越近，就越应该有话语权，装修行业市场高度离散化，市场竞争格局又瞬息万变，因此应该赋予前端业务人员更多的话语权，针对业务需要快速调动后端的资源，要及时配合，因为业务人员离用户足够近，更了解用户的需求变化，更具有敏感性。

④ 搭建用户模型，绘制用户画像，能够实现更精准的用户触达和产品服务相互推荐，并不断跟踪深化用户画像，可以使装企更加聚焦核心用户群体，也能针对用户的需求及时调整产品。

3.3 启动用户传播，推动增长

3.3.1 用户体验没做好时，任何推广都无济于事

在核心体验没做好的情况下，任何大量增长用户的动作都是不必的，甚至是有害的。此阶段，核心体验没做好，用户不满意，而且大量涌入用户只会带来更多负面的口碑，不利于后期的发力。做物质刺激的时候，要确保产品本身存在一定的自然传播，就是装修产品本身要好，要被用户接受。物质刺激和奖励只是加速放大了这个行为。否则，在口碑不好的情况下，用户更多是因为物质奖励而来，并非是这个阶段所需的种子用户。

核心体验是否做好，主要参考口碑和留存率这两个重要指标，然后决定是否启动扩大拉新。

3.3.2 用户传播的 6 个关键密码

用户传播任何信息都有一个动机，而传播是口碑推广必不可少的放大器，我们结合美国营销学教授乔纳·伯杰在《疯传》一书所讲的关键要素，看看传播在家装行业里的应用。

（1）**社交货币**：人们经常会分享一些有趣好玩的事情给好友，社会心理学中对这一行为作出了解释，出于被别人赞美或炫耀的内在动机，人们很乐于分享，如果只是出于别人的要求，个体往往会拒绝或者逃避。

应用案例：用户家的装修日记，记录从毛坯到入住的装修历程，比如一兜糖 app 里就有很多业主和设计师在上面分享自己的装修心得和装修进度。

（2）**诱因**：我们大脑处理信息的机制是当接收到某个刺激后便会自动提取对应的记忆，而这个刺激就是诱因。所以我们在产品推广时，要尽量把某个诱因和产品关联起来，这样用户一旦出现某个需求就会自动联想到产品。

应用案例：时下装企都会做一些节日相关的营销海报，但是话题都比较牵强，因为很难让用户联想到装修，而且话题性不强。曾经就有一家装企，结合五一劳动节发了一组装修工人的海报，大意是说劳动光荣，致敬装修行业劳动者，引发了话题热议，既体现了装企对匠心精神的传承，也表现了自己的专业性，在用户那里才能引起共鸣。

（3）**情绪**：如果一件事情能够让一个人生气或开心，他希望和别人产生情感上的共鸣，就会分享给别人。所以传播事件需要帮助人们产生情感上的共鸣，唤醒用户的情绪。

应用案例：在开工、竣工两个关键时刻上，用户都有很强的仪式感需求，如果能策划制作一组图片和视频内容作为纪念，会引起用户的共鸣，进而使用户分享。申远空间设计苏州分公司开工仪式就是在公司楼下的饭店包厢"申远厅888"（一次充值了2万元，买单打八折，并能给包厢冠名）请客户吃饭，相关设计师、项目经理等一起参加，拉近与用户的距离，也便于以后沟通。

（4）**公用型**：社会心理学解释，人们都有一种从众心态，看到多数人的行为，总想着去模仿。比如当我们看到一家商铺内人流络绎不绝，我们就不由自主地想进店一探究竟。所以从这个角度传播产品，我们需要制造一种行为渗透力和影响力。

应用案例：笔者发现在新交房的小区里，很多业主会自发地组建小区业主群，并在群内交流讨论装修方案，大家会互相借鉴，最终小区里同户型的装修方案基本趋同，形成小区范围内流行的装修方案，被大家普遍接受。对于装企来说，如果能在前期对小区深度调研，并进行户型分析，让自己的装修方案快速触达业主，也就争取到了进驻小区的先发优势。

（5）**实用价值**：人们心中始终留存着想要帮助他人的意愿，所以用户喜欢传递实用信息。实用信息指自己觉得有用并且对别人也有用的信息。所以在传播信息时，要切切实实地让用户收获知识或者思想，解决用户的问题。

应用案例：装修用户已经对千篇一律的营销广告出现了群体免疫，这些纯营销的装修内容，不会引起用户的关注。而有些装企则在小区交房前期，对户型进行了深度调研，整理输出了一套"××户型装修指南"，里面包含了空间问题梳理和装修意见指南，这些内容对用户就具有实用价值，很快会在业主群里面传播。

（6）**故事性**：故事天然带有传播属性，比如故事型广告的完整观看率远大于劝说型广告。所以，围绕产品叙述一个有内容的故事，可以让产品更容易被记住并被传播。

应用案例：装企的营销宣传内容要从广告内容转变为用户案例内容，增加内容的真实性，比如装修完成之后，业主在家里给大家分享装修过程，就非常具有真实性。

3.3.3　驱动用户传播的3种诱因

（1）**口碑驱动**：因为产品或服务本身非常好，用户愿意将其分享给朋友。用户用完之后，经常会感叹"真好用""真好看""真方便""休验真好"。这就需要产品在体验、模式、服务、性价比等某些方面明显优于同行，使用户产生超预期的感受。

（2）**精神驱动**：精神驱动不同于口碑驱动的原因在于，并不是用户本身实际需求被满足，而是产品的灵魂人物的精神激发了用户。一些装企推出的总裁直达号，总裁巡检工地等服务，在某种程度上就是跟用户站在了一起，以用户的需求为大，进而赢得了其认同。

（3）**获利驱动**：产品本身设计的推荐机制，使用户通过分享推荐好友，可以获得一定的利益。在装修领域，这种好处主要包括返现、红包、送券、优惠、送产品等直接利益。有一些拼团类的产品，单独买是一个价，成团价格更低，其实质就是把营销费用通过用户裂变的方式节省下来，再反哺给用户。

3.3.4　口碑传播常见的5个误区

（1）**核心价值的提炼模糊**。装修产品的核心价值是什么？解决了什么人群的什么痛点？这是运营者要想明白的问题。不是每个用户都善于总结提炼，用户不知道如何表达产品的好处，也不容易推荐成功。所以提炼出产品的核心价值，既方便新用户理解，也方便老用户传播。同时简洁明了的核心价值也体现了装企的差异化定位。

（2）**用户对产品的理解与装企定位不一致**。装企理解的装修产品和用户理解的装修产品可能不一样。

装修用户怎么理解装企的产品？如果用户给朋友推荐，会怎么介绍？用户很可能把装企的产品当成了另外一个形态。如硬装、软装、整装等，这些是装修行业内的名词，很多装修"小白"是听不懂的。

（3）**忽略了传播的工具和内容**。很多时候，我们邀请装修用户帮忙介绍传播公司的产品，但是并没有为用户准备好工具和内容，任由用户自我发挥，其内容质量及传播的准确度是不可控的，导致传播效果不理想。

（4）**不要轻易选择给用户返现**。为什么？

① 现金支出会直接减少装企利润。

② 送家具软装抵用券、送引流产品，至少还能带动其他产品销售。

③ 返现金容易吸引一些只为返现金而来的非精准用户，增加了无效订单量，拉升了后期退单率。

④ 朋友之间通过介绍，直接返现，容易引起反感，带来道德负担。

⑤ 以相同现金成本置换来的商品，能产生更高的溢价价值，比如500元现金和500元现金购买的商品，后者的价值感就大于前者。

（5）**未对口碑获客的效果和成本进行审核评估**。口碑营销，老用户转介绍也是一种新的营销获客渠道，必须把各个渠道的获客成本都做一个测算对比，结合综合的获客成本分布，给出适当的口碑营销激励政策，目的就是降低获客成本，而不是不计成本"烧钱"补贴。

3.3.5 打造"三观"一致的用户装修体验场景

从2015年兴起的互联网家装开始，家装行业经历了一波互联网化的洗礼和深度整合。

线上与线下在加速融合，虚拟世界也在加速还原一个真实的物理世界，移动互联网加速了对物理世界信息的采集速度。用户的购买决策链路在线上和线下进行切换跳转和深度融合，想要拥抱变化，就必须强化线上和线下的一体化布局能力。

用户整个装修过程中，需要接触三个主要的场景。

① 线上平台：泛指搜索引擎平台、电商平台、社交媒体平台、视频直播平台等用户常用的线上界面。

② 线下展厅：主要是销售转化场景，用户在这里确定方案直至成交。

③ 工地现场：主要是施工交付的主场景，也是产品落地的最终展现场景。

这三个场景的要素是否同步决定了用户体验场景的一致性，也就是用户线上了解到的、线下展厅里看到的、工地现场做到的保持一致，从根本上解决用户的信任问题。

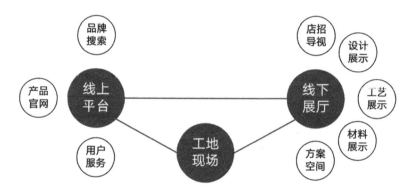

打造"三观"一致的用户装修体验场景

如果把装企品牌比作一个人，从用户的角度来看，以上的三大场景就是用户检验"装企三观"是否一致的信任连接系统。

说到的（线上平台）：装企怎样介绍自己的产品？老用户是怎样评价的？用户在审视装企的过程中，已经不再满足于装企自己的官方介绍。

看到的（线下展厅）：通过线下展厅的实际走访，用户对装企进行立体式的考察，看看展厅展示的是否跟线上平台描述的实力相称？

做到的（工地现场）：工地现场实际做到的如何，是否跟描述的一样？是否跟展厅展示的一样？是否表里如一？

4

装修用户体验地图

4.1 从宜家的"1块钱冰激凌"看用户体验

宜家的购物体验：停车不易；买个东西通常得到处找；很难找到店员询问；最后经过一个仓库再去结账，还要等待送货，等待安装；有时去了一天可能也没买啥。但用户还是乐意去，为何？

下图是用户去宜家购物的体验地图。在购物流程中，用户的感受是波澜起伏的，而宜家通过其中的几个峰值点就提高了用户的满意度，从而使用户忽略了那些体验不太好的因素。

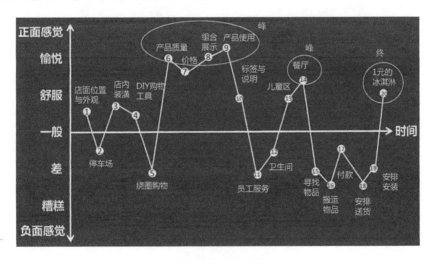

宜家用户体验地图

（1）**产品品质**：产品的功能和颜值是主要因素，宜家的产品追求简约实用，色彩明快自然，拆装组合方便，性价比较高，因此受到一二线城市年轻群体的追捧。

（2）**场景展示**：有别于传统渠道单品售卖的形式，宜家按照用户的使用场景用多种产品组合布置出丰富多样的样板间，如厨房、餐厅、客厅、卧室、卫生间、阳台等，让消费者可以直观看到最终呈现效果，并在自己家轻松实现场景复制。

（3）**餐厅**：宜家的餐厅提供丰富的食品，消费者如果逛累了，可以点杯咖啡在这休息。在中国，宜家餐厅的营收达到其全球营收的 10%，可见其受欢迎的程度。

（4）**出口处的 1 元冰激淋**：1 元冰激凌看似不赚钱，却能让用户愉快地结束购物旅程，对宜家留下美好的印象。宜家的畅销排行榜上，排名第一的可能不是某类家居用品，而是出口处的 1 元冰激凌，年销量近 2000万支。

出口处的 1 元冰激淋拉升体验

心理学有个定律叫"**峰终定律**"。人们对于一段经历的印象，通常会根据两种关键时刻来评判好坏：① 最好或最坏的时刻；② 结尾。在这个过程中，对于时间长短以及其他的体验用户都会忽略。可见，宜家深谙此道。

4.2 装修用户的 5 个体验阶段

用户在装修过程中的行为轨迹是怎样的？用户是怎么思考和决策的？哪些关键体验点是用户最在意的？本节把用户装修过程分 5 个阶段逐一进行拆解，分别从用户行为轨迹和决策链路、用户体验关键点、运营策略要点三个层面来分析用户体验地图的绘制策略，帮助装企重新审视自身的业务链路。

4.2.1 筛选装企阶段——搜一搜

客户在自己熟知的范围内寻找合适的装企，并且放到装修备选清单之中。

1. 查找装企

• 用户行为轨迹和决策链路

（1）主动查找方式。

a. 通过朋友圈询问（同事、亲戚、朋友）。

b. 通过楼上楼下邻居沟通（新小区业主群）。

c. 通过上网查找（搜索引擎、社交媒体、公众号、论坛贴吧、视频平台）。

（2）被动接收方式。

a. 社交媒体的信息流资讯标签化推送阅读。

b. 视频直播平台的兴趣标签推送阅读。

c. 线下看到的广告（小区广告、地铁广告、商业楼宇广告、公寓电梯广告、户外广告、户外大型 led 彩屏广告等）

• 用户体验关键点

（1）哪个渠道可以获得更靠谱的装企？

（2）琳琅满目的广告信息怎样鉴别？

（3）大家都说自家装修好，到底相信哪家？

• 运营策略要点

（1）绘制装修核心用户的需求"画像"。

（2）获客渠道的布局和筛选机制。

（3）营销策略和投入产出比测算。

2. 了解产品模式

· 用户行为轨迹和决策链路

（1）了解装修的产品类型（旧房翻新、新房装修、精装房适配）。

（2）了解装修服务流程（设计流程、施工流程、售后流程）。

（3）了解装修效果案例参考（实景效果、同户型效果）。

（4）了解报价方式（按每平方米报价、按空间报价、按项目报价、套餐一口价/半包或全包）。

· 用户体验关键点

（1）产品差异化和价值点是否明确？

（2）产品的解决方案和类型是否能满足用户需求？

（3）装修流程是否清晰、透明？

（4）报价方式、价格预算是否在用户预期之内？

（5）装修案例和效果图是否真实？

· 运营策略要点

（1）用户"画像"整理，需求分层梳理。

（2）产品价值点、利益点策划包装，差异化价值提炼汇总。

（3）装修服务流程策划、可视化呈现说明。

（4）制定有针对性的产品方案和报价模式。

（5）装修效果案例汇总，最好有针对用户小区的装修案例。

3. 初步筛选预约

这个阶段，用户会针对装企的基本情况做一个综合的对比和评估，确定几个意向的装企进行实地考察。

· 用户行为轨迹和决策链路

（1）装企的口碑评价情况。

（2）装修价格预算范围。

（3）装修品质和档次范围。

（4）装企实力和差异点（设计、材料、工艺）。

（5）装企的品牌大不大（面积、成立年限、是否有广告宣传）。

（6）装修门店的位置远不远。

（7）初步筛选出来几个意向的装企作为备选清单，跟装企取得联系，预约具体的时间到门店（展厅）看看。

· 用户体验关键点

（1）综合评估装企的品牌实力（装企规模、服务用户数、品牌知名度、用户口碑评价）。

（2）综合评估产品的匹配度（产品类型、服务流程、材料品牌、设计能力、报价范围）。

（3）评估预约到店的必要性（有没有时间、门店距离、出行方式、到店目的等因素）。

· 运营策略要点

（1）用户邀约的话术和策略制定。

（2）用户到店的利益点策划（如到店送好礼、免费出设计、看同户型方案）。

4.2.2　到店了解预订阶段——看一看

此阶段，用户到装企门店实地考察，对装企的产品交付能力进行综合评估并确认，以确定初步的合作意向。

1. 预约到店考察

• 用户行为轨迹和决策链路

（1）联系装企客服（装修顾问）。

（2）确定到店时间。

（3）确定出行方式。

（4）确定到店的理由（门店有活动、假期有时间）。

• 用户体验关键点

（1）预约到店的衔接流程是否顺畅？

（2）出行方式和到店路径是否顺利？

（3）用户行程变更对接是否顺畅？

• 运营策略要点

（1）展厅门店的引导导视体系设计。

（2）跨部门信息流转的标准设定，避免信息损耗。

（3）用户接待的岗位和流程标准设定（位置导航、对接人、联系方式、交通路线）。

（4）应对用户突发事件的应急措施和预案。

2. 门店实地考察

• 用户行为轨迹和决策链路

（1）评估接待人员（客户经理、设计师）的专业度。

（2）考察装企的产品模式（半包、硬装、整装）。

（3）考察装企的服务流程（装修前、装修中、装修后）。

（4）考察装企的产品报价方式。

（5）参观装企展厅和样板间（品牌介绍、设计介绍、工艺介绍、材料介绍、服务介绍、样板间介绍）。

・用户体验关键点

（1）对装企的第一印象是否满意（店面形象、接待人员形象、接待流程）。

（2）对装企的产品方案进行初步了解（人员专业度，产品匹配度，如设计、材料、施工、服务、报价）。

・运营策略要点

（1）用户展厅接待和签约流程设计（客户接待、需求评估、方案讲解、展厅讲解、装修签约、后续服务衔接）。

（2）展厅空间动线设计和展厅展示体系打造（接待区、洽谈区、工艺区、材料区、设计区、定制区、样板间区等）。

（3）基于展厅动线的产品讲解流程设计（装企品牌、业务模式、产品类型、设计体系、材料体系、施工体系、服务体系、质保体系等）。

3. 评估预订产品

・用户行为轨迹和决策链路

（1）评估装企的设计能力。

（2）评估装企的施工能力。

（3）评估装企的材料（配置/质量/品牌类型）。

（4）评估装企的服务态度。

（5）评估装企预算装修价格范围。

（6）评估装企的装修保障情况（质保时间和范围、资金保障体系、质量保障问题、售后保障问题）。

（7）确定装修订金是否可以退。

（8）综合评估装企是否靠谱、是否可信任，产品是否能满足要求，价格是否在预算之内，初步预订产品和服务，缴纳产品订（定）金（有的可退、有的不可退）。

（9）确认装修订金，支付预约金。

• 用户体验关键点

（1）用户对装修装企整体评估（是否可靠？资金是否安全？订金是否能退？报价是否合理？）

（2）产品预订是否必要（预订理由？是否有优惠？是否有赠送礼物？），有的装企直接签装修合同，没有这个环节。

（3）预订之后的服务流程是什么？（什么时候量房？多久能出最终方案？核实什么时候能开工？量房前需要准备些什么？怎样进行收房的验收？工期是否能保证？）

• 运营策略要点

（1）用户产品签约流程设计（流程可视化、签约政策、签约工具、支付工具）。

（2）用户疑虑和解决策略（服务保障问题、资金安全问题、服务流程问题等）。

4.2.3 方案设计签约阶段——算一算

此阶段，用户通过现场量房和需求沟通交代清楚装修需求，根据设计师出具的效果图、布局图、报价方案综合决定装修方案，以及最终签约合作。

1. 现场量房和需求说明

• 用户行为轨迹和决策链路

（1）预约设计师量房时间。

（2）办理装修施工手续。

（3）全屋空间需求点沟通。

（4）空间问题点和缺陷排雷。

（5）装修基本前置项注意事项沟通（墙体拆除、做地暖、安装风管机、封阳台）。

（6）设计师全屋测量和绘制图纸。

• 用户体验关键点

（1）空间需求是否交代完整，是否有遗漏？

（2）空间是否有个性化需求（采光、通风、户型缺陷）？设计师是否能给出解决方案？

（3）局部个性化项目的施工工艺和处理办法（降门楣、回填、墙地面找平）。

（4）是否存在位置项目的收费问题？是否都包含在装修条款中？

• 运营策略要点。

（1）量房服务流程策划设计（全屋排雷，空间需求确认，平面户型图绘制）。

（2）量房沟通的工具设计（量房工具包、量房报告），这是最能体现设计师专业性的部分。

2. 方案设计等待和过程沟通

• 用户行为轨迹和决策链路

（1）设计师方案制作（平面布局图、效果图、报价清单）。

（2）局部设计方案在线沟通确认。

（3）用户给设计师发一些自己喜欢的风格效果和局部功能方案参考图。

（4）确定方案设计时间和下次沟通时间。

• 用户体验关键点

（1）出方案的时间要多久？

（2）设计方案过程中是否有沟通探讨？有没有征集全家人的意见？

• 运营策略要点

（1）需求采集系统——把握用户需求（空间布局需求，空间功能需求，颜色效果搭配需求）。

（2）方案设计系统——实现所见即所得（实现设计方案联动，一键生成施工图纸、报价清单，测算单项目的毛利率，考虑效果、材料、用量、报价）。

3. 方案确认和合同签约

• 用户行为轨迹和决策链路

（1）跟设计师确定沟通方案的时间。

（2）去装企现场沟通最终的设计方案。

（3）评估设计师的最终方案（平面布局方案、效果图方案、报价方案、产品材料配置方案、施工方案）。

（4）结合自己的需求进行沟通和优化调整。

（5）确定装修工期。

（6）确定装修过程中是否有增项。

（7）装修过程出现质量问题怎么解决。

（8）确定最终的报价方案。

（9）比较两三家装企。

（10）综合评估装修的性价比之后，用户与装企签订装修合同并缴纳首期款。

• 用户体验关键点

（1）评估产品方案的性价比。（方案是否满意？价格是否在预期之内？价格是否还有优惠空间？）

（2）货比三家，对比多家装企的产品报价方案，看哪一家性价比更高。

（3）合同项目条款是否清晰完整。（条款是否完整、是否有隐藏的后期增项。）

（4）合同签约的保障问题。（资金是否安全？质量是否有保障？工期是否有保障？）

• 运营策略要点

（1）方案讲解的流程设计（布局方案、功能方案、效果方案、材料方案、施工方案、服务方案、报价方案）。

（2）签约流程和策略设计（报价策略、优惠策略、谈判策略）。

4.2.4 施工交付服务阶段——验一验

合同签约之后，所有装修服务都是在兑现装企对用户的服务承诺。在这个过程中，用户对装修结果充满了期待，同时也在过程中评估和打量装企是否能保质保量完成装修，每个环节的验收都是对装企的再一次确认。

1. 现场交底和开工

• 用户行为轨迹和决策链路

（1）装修业主、设计师、项目监理、项目经理四方现场交底（水电交底、拆改交底、墙面吊顶交底、柜体定制交底、电器设备交底）。

（2）设计师现场需求讲解（电路点位、水路点位、墙体拆改、柜体尺寸、空间修复项目、电器设备尺寸）。

（3）有没有遗漏的项目，会不会后期出现偏差。

（4）项目经理确定施工排期，确定时间安排是否合理。

• 用户体验关键点

（1）交底过程的精细程度。（团队人员是否到齐？需求对接是否完整没有遗漏？需求标记是否清晰？）。

（2）开工准备工作（装修手续办理：装修许可证办理、垃圾清运手续输；装修前置工作：封阳台、装地暖和风管机、钢构拆除工作）。

（3）开工仪式（创建装修服务对接群、施工时间安排表、空间需求清单表核对、拍照合影留念）。

· 运营策略要点

（1）交底流程设计（交底需求备忘录，空间需求讲解标记规范）。

（2）施工衔接流程设计（施工对接服务备忘录）。

（3）开工仪式流程设计（开工仪式工具包、开工流程标准规范）。

2. 施工前准备工作

· 用户行为轨迹和决策链路

（1）物业处办理装修手续。

（2）前置施工项目实施衔接（拆除改造施工、地暖施工、风管机安装、封阳台施工、垃圾清运手续）。

（3）材料下单配送备货（辅材、主材）。

· 用户体验关键点

（1）筹备期时间需要多久？

（2）需要衔接的第三方项目是否可以帮忙对接？

· 运营策略要点

（1）协助第三方项目实施的流程标准。

（2）筹备期的进度汇报机制：不要让用户等。

3. 施工进度把控和节点验收

· 用户行为轨迹和决策链路

（1）空间保护。

（2）墙体拆除和垃圾清运。

（3）墙、地、顶面修复处理和墙固、地固粉刷。

（4）水路施工。

（5）电路施工。

（6）木工施工。

（7）瓦工施工。

（8）油工施工。

（9）主材安装（地板、瓷砖、吊顶、木门、电器）。

（10）洁具安装。

（11）橱柜安装。

（12）硬装拓荒保洁。

（13）定制品安装。

（14）灯具照明安装。

（15）家具软饰配送安装（窗帘、壁纸、床、沙发、餐桌椅、茶几、电视柜）。

• 用户体验关键点

（1）施工进度汇报（图片视频拍摄，施工注意事项说明）。

（2）节点验收汇报（节点图片视频拍摄，验收结果说明，验收问题处理机制）。

（3）问题处理汇报（问题提报渠道和流程、问题解决进度汇报）。

• 运营策略要点

（1）施工进度汇报流程和标准设计。

（2）节点验收流程和标准设计。

（3）问题处理流程和标准设计。

4. 施工过程中沟通衔接

• 用户行为轨迹和决策链路

自购电器设备协助安装适配如下。

（1）厨房：烟机灶具、燃气表、冰箱、消毒柜、洗碗机、电烤箱、燃气热水器、照明灯。

（2）卫生间：洗衣机、智能马桶、浴霸。

（3）客厅/卧室：投影仪、电视机、饮水机、智能窗帘、空调、灯具。

（4）阳台：电动晾衣架、洗衣机、烘干机。

• 用户体验关键点

用户自购产品跟装修施工的衔接问题。（规格尺寸是否适配？是否可以顺带安装？）

• 运营策略要点

（1）各空间衔接的电器和设备规格合集（尺寸大小、安装注意事项）。

（2）各阶段需要安装的电器设备对接流程和标准设计。

5. 竣工确认验收

• 用户行为轨迹和决策链路

（1）全屋硬装验收。

（2）全屋软装验收。

（3）装修尾款缴纳。

（4）装修资料回收（门禁卡、大门钥匙）。

• 用户体验关键点

（1）各环节验收标准（硬装环节和软装环节）。

（2）尾款缴纳方式。

• 运营策略要点

（1）硬装验收标准设计（标准是否被用户认同，标准是否有参考依据）。

（2）软装验收标准设计（标准是否被用户认同，标准是否有参考依据）。

（3）尾款收取的流程和标准工具（是否支持在线支付，针对用户疑虑的解答）。

（4）装修竣工交付仪式和工具包（竣工交付仪式，竣工合影留念和用户采访，口碑用户礼品包，装修质保卡和保险卡）。

4.2.5 售后服务保障阶段——评一评

用户在装修完成之后，对整个装修的服务是否满意，出现质量问题，是否能够及时有效地进行解决，直接影响用户的口碑评价。

1. 质保服务手续

• 用户行为轨迹和决策链路

（1）查收装修质保卡。
（2）查收装修保险卡。
（3）售后服务流程说明。

• 用户体验关键点

质量和售后问题处理流程说明（流程应清晰准确）。

• 运营策略要点

（1）售后维修质保服务流程设计。
（2）保险理赔服务流程设计。

2. 售后维修服务

• 用户行为轨迹和决策链路

（1）质保问题咨询和维修提报。
（2）问题核实、预约上门检修。
（3）检修完对服务评价。

• 用户体验关键点

（1）问题处理的通道是否畅通（有什么处理通道，问题是否分层处理，流程是否清晰）。

（2）问题处理的效率和质量（是否准时，是否有明确责任人，处理问题的态度如何，对处理结果满意与否）。

• 运营策略要点

（1）用户常见问题汇总和归纳改善策略。

（2）用户服务服务评级和 NPS 跟进策略。

（3）用户问题处理应急策略（问题分层处理机制、问题响应机制、成本核算机制、问题追责机制）。

4.3 聚焦关键服务节点，打造峰值体验

4.3.1 装修用户的体验地图

先看看装修用户的体验地图，用户装修的过程是一个时间周期长、服务角色交叉多、业务前后衔接紧密的过程。每个跟用户接触的点都需要被设计和管理，从而保障用户最终的体验感受值在可控的范围内。

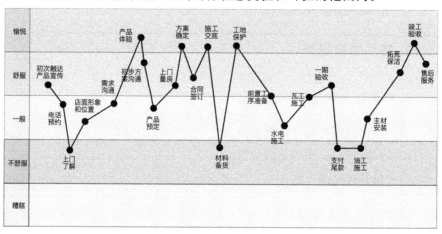

装修用户的体验地图

1. 全员统一作战思想

装修产品的特性是链条长、涉及人员多,基层员工若没有全局思维,只顾低头做事,不考虑业务的上下游衔接问题,这就很容易导致内部信息不对称,业务运转不良,内部损耗增大。装企应该绘制跟自身相匹配的业务流程图,对全体成员进行培训,形成高度一致的业务流程,让每个参与者都知道自己在业务流程的哪一环节,怎样跟上下游员工配合,不给上游添麻烦,不给下游"埋地雷",充分协作,给用户提供更好的装修服务体验。

2. 全盘统筹运营策略

用户体验服务地图跨越了四个阶段:营销获客阶段、门店销售阶段、施工交付阶段、售后服务阶段。这些阶段前后衔接,在大部分的装企内部是由四个部门协作完成的,因此就需要打破部门的限制,把所有部门的目标都锁定到用户服务。构建一个以用户服务为中心的流程型组织,也有助于聚焦装企战略定位。

3. 聚焦关键场景打造

根据"峰终定理",装企需要结合用户体验路径和自身的定位,筛选路径中最关键的服务节点,如在产品体验、方案确定、施工交底、工地保护和竣工验收等节点,更容易让用户产生愉悦的体验;初次接触、初步方案、上门量房、一期验收、拓荒保洁和售后服务等节点的达标,也容易让用户产生良好的体验。这些节点应重新进行设计,集中资源,打造用户超预期体验。

有以下几个原则需要注意。

(1)第一印象是成交的入场券,用户对装企的第一印象非常重要,一旦形成不良印象,后期的改变成本非常高。

(2)用户的体验感受是一段时间累积的结果,愉悦的体验和糟糕的体验是可以相互抵消的。

（3）大部分装企把精力都放在了成交前，而忽略了成交后的服务体验，而成交后的体验则是用户二次合作和向其他用户推荐的关键。

（4）大部分装企会策划开工仪式，其实装企最明智的做法是策划竣工仪式。

（5）售后服务部存在的价值不是解决问题，而是不再发生问题。过程中的预期管理，胜过客诉出现之后解决问题。

4.3.2　好的产品和服务是用户体验的基石

1.好产品的标准到底是什么

如果把装修产品拆解来看，可以分为以下几个维度。

（1）效果：能否打动用户是成交的首要因素——颜值效果（色彩搭配、面料纹理、线条造型）符合用户预期；功能效果（物品收纳、动线布局、人体工程设计、智能设备、电器设备设计）符合用户预期。

（2）材料：用户感知层面能买到的最显性化的产品部分——材料质感质地、材料款式和造型、材料品牌。

（3）施工：交付是装企给用户承诺兑现的服务过程——施工流程、做工精细、工艺达标、工地现场卫生良好、工地保护完整。

（4）服务：装修产品的隐形价值部分虽不容易衡量，但在用户体验价值中占据相当重要的分量——流程衔接通畅、服务考虑周全、服务细节到位。

（5）保障：正规装企区分于"游击队"装修的重要依据——资金安全、质量可靠、服务保障、环保达标、工期可控。

（6）价格：先有价值再有价格，用户认为产品贵了，可能是说产品不值这个价——报价透明、价格公道、后期无增项。

就家装现况来看，好产品的确少见，普遍存在的情况是装企为了签单，给用户过度承诺。

"这个套餐产品里面全包了，您直接拎包入住就可以了。"

"这个产品是全城最低价，有更低的我们赔钱。"

"这款水龙头可以开合 10 万次不会坏。"

"我们的装修是环保的，全屋零甲醛。"

……

很多无从考证的产品特性，过度承诺的产品价值，都会埋下隐患，造成用户预期过高，最终交付时装企无法兑现承诺，影响了用户的体验。

装修是一件用户会深度参与其中的事情，所以好的产品应最大化兼容用户需求。装企需要加大产品的研发力度和投入，从效果设计、施工工艺、材料品质等维度对接用户需求，给用户最合适的解决方案。在产品品质上做加法，在产品品类上做减法，满足用户需求的同时实现自身效率的最大化。

2. 用户要的不仅仅是便宜，还有质量放心和过程省心

很多装企在设计产品的时候是以价格为基础指标来设计产品的。这个逻辑有可取之处，但是不能走极端。如果产品一味追求便宜，其在材料选择、施工费用、后期监管等环节就会跟不上，能省就省，后期会产生大量的施工交付问题。虽然给用户报的价确实低了，但交付体验也大幅下降，最后还会损害品牌，得不偿失。

因此装企在设计产品时，首先要明确用户要的是质量放心和过程省心，在这个基础上用价格筛选目标用户，再用性价比打造产品力，才可能实现装企和用户的双赢。

4.3.3 好的用户体验，是跟用户成为朋友

1. 和用户交朋友

2021年10月30日，小米第10000家小米之家门店在深圳开业。小米用五年开了2000家线下店摸索探路，现在用一年时间开8000家店铺加速布局新零售。未来三年将达成3万家，完成对中国市场的覆盖。

怎么能在短短一年多时间就做出这样的业绩呢？雷军觉得小米的价值观是关键。第一是和用户交朋友。企业把用户当成朋友，应该给什么样的

价钱，提供什么样的服务。第二要有合适的产品组合。第三坚持高品质、高性价比，把产品做好做便宜。当高品质、高性价比植入消费者的内心以后，用户觉得在小米买什么东西都是高性价比的，这就是获得了用户的信任。

家装行业缺乏口碑，本质上就是因为装企没有把用户当朋友，给用户提供的是缺乏性价比的产品，价格高，质量还不行，用户体验当然不好，无法如何获得用户的信任。没有了信任，获客成本和经营费用就会提升，装企利润减少，自然生存艰难。

2. 尊重用户和个人

经过 10 年发展，微信在全球拥有超过 12 亿用户。对其来说，有一个价值点是其核心团队一直所遵循的，就是尊重用户，尊重个人。

微信事业群总裁张小龙认为，企业对用户应该是一种平等的关系，不能对用户过于尊敬，那说明企业可能怀有目的；微信不会有侵犯用户隐私的行为，不会给用户发任何骚扰信息，不允许第三方做任何诱导用户的行为，甚至不想做太多的活动去感动用户，然后带来一些流量。他认为故意去感动一个人也是不尊重的表现。

反观家装行业，个别装企为了签单不择手段，签单前说得天花乱坠，签单后百般应付，出了问题相互推诿，不了了之，用户自认倒霉，何谈尊重。没有对用户和个人的尊重，不从用户的具体需求出发研发产品，整合资源，交付价值，行业又怎会破局。

4.4 打通装修全链路，让用户体验落地

4.4.1 营销获客——从知道到感兴趣

随着移动互联网的深度普及，用户获取信息的渠道呈现出了多元化、碎片化的特性。当下家装市场激烈竞争，获取用户流量的费用越来越高，

线上和线下的获客成本已经趋近，线上线下相结合的趋势也更明显，公域流量获客和私域流量获客的成本开始趋于一致。

这些趋势的背后原因是，装修用户的资源是有限的，在一个城市里，每年交多少套新房是一定的，而装企的数量却在不断增加；家装行业正处在激烈竞争的存量市场，一切都指向了一个确定的目标，即精准化营销，精细化运营。

装企必须从过去粗放式经营转型到精细化运营，降低运营损耗，提升产品竞争力，提升用户转化率，才能在激烈的竞争中胜出。这就需要锁定用户群体，聚焦到产品和服务打造上。

4.4.2 销售成交——从了解到信任

家装用户的销售成交过程是一个相对复杂的决策过程，因为装修产品涉及的决策要素比较多：设计效果、落地方案、员工服务、材料配置、装修报价等，成交前的所有工作都是促使用户信任值达到 100 分，失掉 1 分都可能会功亏一篑。从用户选择到店了解开始，需要全链路设计体验流程，保证每个环节都能有效管理用户的预期，直至最终建立用户对装企的信任，促成交易达成。

4.4.3 施工交付——从信任到验证

交付是家装链条的重要组成部分，也是行业赖以生存的基础。装企的规模不大和水平不高，不是因为没有模式和创新，而是一直以来受制于交付手段。

只有施工交付品质稳定，用户才会对装企信任。由于装修过程中多种材料衔接、多个工种协同、多种工艺组合，每个部分都存在不确定性。而这些不确定性不断累积，就造成了装修行业普遍存在的交付体验差的问题。

供应链体系：产品研发体系＋物流体系＋配送体系＋安装体系＋售后体系。

工人体系：组织管理体系＋工艺标准体系＋质量评价体系＋工具升级体系。

　　信息化系统：项目管理系统。

4.4.4　售后服务——从验证到推荐

　　对大部分的装修用户来说，交付验收入住之后才真正踏实。良好的售后服务体系保障，才是用户的定心丸。装修过程周期长，链路衔接复杂，出问题是难免的。但如果出了问题没有及时解决，用户就不会信任装企，转介绍就无从谈起了。

5

营销获客，从知道到感兴趣

5.1　精准的人群定位才能让产品有吸引力

5.1.1　装企短视频广告的无力感源自人群定位不清晰

不少装企的短视频广告给人以下感受。

（1）演员很卖力，撕心裂肺式、苦口婆心式等，反正信我就对了，选我就好了。

（2）各种夸大表现，城市规模、门店数量、服务用户数、口碑值、行业标准制定者、各大奖项，以及质保年限多长、服务速度多快等有夸大嫌疑，过度承诺。

（3）普遍打价格战，不一定是低价，也可以说划算，向用户说明只花多少钱就能实现怎样的效果。

有一定规模的装企（平台）为了获客使出浑身解数，即使营销手段有一定差异，但用户端的感知都一样，没什么本质区别。

背后反映的是装企在获客方面的无力感，营销想表达的很多，卖点一大堆，但似乎总是在表达形式里跳来跳去。

装企大多都没有用户画像，人群定位笼统，和年龄、学历、工作等关系不大。

用户画像不清晰，产品匹配度差，再加上信任难以建立，很大程度影响了订单转化率，使得装企过重依赖销售技巧和设计师的经验。

而口碑的打造必须以用户需求为中心展开，一定要清楚用户是谁。

5.1.2　通过分类组合锁定获客目标

每年有数以千万的家庭需要家装服务，用户形形色色，装企营销获客首先得清楚目标人群，才能做到有的放矢。

先从多个维度对家装市场进行细分（详见第3章"装修口碑怎么来"）。

按城市分布划分：一线城市，二、三线城市，四、五线城市。

按家庭结构划分：单身青年、两口之家、三口之家、三代同堂。

按房屋状态划分：精装房、毛坯房、二手房。

按居住需求划分：刚需型住房、改善型住房。

按消费偏好划分：关注设计、关注工艺、关注材料、关注服务、关注价格。

再对多个维度的细分选项进行组合，比如，选择二、三线城市的，买二手毛坯作为改善型住房的，关注性价比和服务的三口之家作为一类获客目标，然后有侧重地进行产品研发和营销策划，使得产品在细分领域上的获客更有吸引力。针对不同类型的获客目标，也可以设定对应的产品营销策略。

5.1.3　围绕用户需求构建有吸引力的产品

用户的装修需求存在分层的现象：第一层是基础需求，包括产品的价格、效果、质量、工期、服务等方面，需要解决用户信任问题；第二层是安全需求，包括产品的环保、性能、售后等，需要解决用户后期居住的安全顾虑问题；第三层是心理需求，需要解决用户的体验感受问题，具体因人而异。

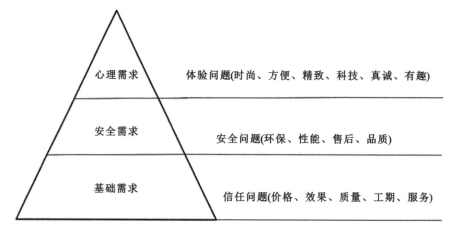

装修用户的三层需求

以上三层需求在逐渐升级，不是依靠装企的话术就能解决的，装企需要从用户需求出发，给出行之有效的解决方案。

用户在选择装修产品的过程中经历了三步链接的过程：第一步是根据自己的房屋类型确定初步匹配的产品类型；第二步是方案模块构建，即对产品的硬装、软装等所含模块进行拆分确认，以匹配自己的需求；第三步是方案的确定，对自己选择的方案模块进行组合确认，形成最终的装修方案。

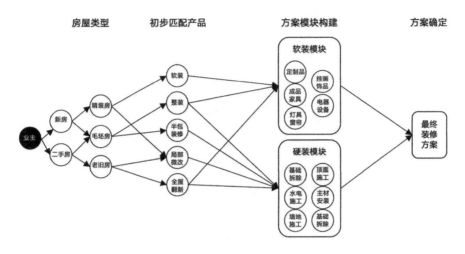

装修用户的需求匹配分化树

用户房屋类型以及装修预期的差异，导致用户选择的装修产品方案存在差异。对装企来讲，需要对用户的需求进行快速筛选和产品匹配，如前端产品标准化可以快速筛选用户，后端产品方案模块化可以快速匹配个性需求，再根据用户的需求进行模块拆分和组合。

5.1.4 换个思路，用 AB 分类法寻找潜在价值网

伟大的成功很难复制。腾讯此前按百度的方式做搜索引擎失败了，搜狗走差异化做搜索引擎之路成功了；腾讯微博照着新浪微博做失败了，微信朋友圈成功了。马云说："宁可死在来往的路上，也不活在微信的群里。"之后，旗下社交 app 来往声东击西，推出钉钉成功了。对很多企业来讲，这点其实很难的。

看看美团王慧文如何通过 AB 分类法另辟蹊径，寻找巨头之外的潜在价值网：

（1）A 供给和履约在线上（腾讯），B 供给和履约在线下（阿里）；

（2）B 供给和履约在线下：B1 实物电商（阿里），B2 生活服务电商；

（3）B2 生活服务电商：异地生活服务电商（携程），本地生活服务电商（美团）。

王慧文的 AB 分类法

没有深远的洞察，就无法看穿未来。

如果用 AB 分类法来看家具行业的走向，家具可以分为成品家具和定制家具。定制家具又可分为板式定制家具和实木定制家具。实木定制家具中有一种原木定制家具，目前算是一种高端定制家具。

近年高端定制家具品类特别火，如森木作、M77、木里木外、vifa、三只喜鹊等品牌市场反响还不错。尚品宅配董事长李连柱说：在 3～5 年内，定制家具将会消亡。所谓的消亡，是指又变成了一个和早年成品家具一样的状态——产品同质化。而高定或许巨头不屑做，其实有足够大的市场。

高定的竞争取决于四个因素：产品、品牌、服务和组织。产品由颜值、功能、个性化和性价比决定，颜值高、质量好、个性化强还便宜就有竞争力；高端品牌可不是一朝一夕做起来的；服务品质高，售后响应快，售后成本还要降低；新型的组织保障和合伙人制或许能走得更远。

那么，AB 分类法在家装领域如何应用？

举例一　围绕整装的人群定位使用 AB 分类法：A 是刚需型整装，B 是改善型整装。B1 是无恶意增项的改善型整装，B2 有大量增项的改善型整装。

举例二　围绕整装的产品形态使用 AB 分类法：A 是标准化整装，B 是个性化整装。B1 是品质个性化整装，B2 是大众个性化整装。

举例三　围绕整装的产品完成度使用 AB 分类法：A 是"半拉子"整装，即所有非拎包入住式整装；B 是能够拎包入住式整装，包含了硬装、全屋家具、定制家具、软装配饰、灯具、窗帘、电器等。B1 是刚需型的拎包入住式整装，B2 是品质型的拎包入住式整装。

举例四　围绕整装的风格使用 AB 分类法：A 是传统风格，B 是现代风格。B1 是现代简约风格，强调功能性和居住舒适性；B2 是现代美学风格，强调艺术性和高级感。

家装服务在加速产品化和标准化进程中，头部装企纷纷开始新一轮扩张，马太效应初步显现，其他装企如何避开日益激烈的同质化竞争，找到适合自己的潜在价值网至关重要。

5.2　优质的内容是传播的放大器

5.2.1　搭建连接渠道——输出内容

定位了目标人群，下一步就是建立连接。移动互联时代，用户有装修需求时，通常会第一时间拿起手机进行搜索，提出各种关于装修的问题，从多个 app 上了解相关信息。

了解哪些信息？以前大家关注最多的是：地板哪家强？装企哪家好？现在搜的问题是：贴瓷砖的时候，美缝剂和勾缝剂有什么区别？我喜欢深色的墙面，到底是该刷客厅还是该刷卧室？整装有什么利弊？如果风格混搭的话，有哪些坑？

上述这些信息不是产品能提供的，因为它涉及知识和经验。拥有这些经验的是谁呢？装企。如果装企能以一个好的形式将这些内容呈现给用户，就能与其建立连接，用户会看到装企的专业性，会进一步了解产品和服务，装企的获客和转化就会提高。

当下获客成本较高，装企应针对目标人群，以多种形式如图片、文字、VR、短视频、长视频、直播，通过多个渠道传播不同类型的优质内容，包括品牌故事、设计案例、户型解析、特色服务、管理规范、施工工艺、验收标准、用户评价、工地直播、装修日记、促销优惠等。总之，要尽可能地给用户想看的内容。

5.2.2　坚持做好内容——持续传播

CNNIC 数据显示，截至 2021 年 12 月，我国网民规模达 10.3 亿，人均每周上网时长达到 28.5 个小时，网民使用手机上网的比例达 99.7%，即时通信、网络视频、短视频用户使用率分别为 97.5%、94.5% 和 90.5%。人们开始倾向于通过新媒体渠道获取信息，呈现移动化、碎片化、互动化等特点。

但无论是传统纸媒、广电网络，还是新兴媒体，都应该坚守内容为王的原则，分享有价值的信息。什么是有价值的信息？分享的人得让阅读的人得到好处，要么答疑解惑，要么传递快乐，最起码不能让人反感。

广告带有明确营销目的。好的内容表现形式，能让用户在众多的信息中心识别出来，建立深刻的第一印象；好的内容质量，能解决用户的具体诉求，使用户对产品产生兴趣，继而产生购买的欲望。好的形式传播好的内容，会让传播效果翻倍。

人们对过于直白、恶俗的广告是排斥的。新媒体的兴起，给了人们选择权。传统的广告要让年轻人接受，就要别出心裁，用出其不意的方式传播正向的、有趣的内容，在和用户的互动中完成产品的营销。

5.2.3　要巧用自媒体——放大传播

抖音、B 站、头条等平台每分每秒都会生成海量的自媒体内容，影响着特定人群的认知。刷抖音、逛 B 站已经成为很多人每天生活的重要组成部分。

自媒体是基于人和人的联系而形成的，具有一定的信任基础。信任度比较高，一方面使得信息传递更加精准，另一方面能降低信息传递的损耗，最终降低营销成本。

凭借门槛低、交互性强、传播速度快等特点，在视频内容逐渐成为主流的今天，自媒体已形成基于内容生态的产业链，衍生出个人 IP、内容电商、知识付费等新业态。随着数字基建的完善，产业互联网会逐步成型，届时自媒体内容会更细分、更深入，与个人和实体的连接更紧密，好的内容将为企业带来源源不断的客流。

自媒体时代，用户对产品的体验可能被无限放大，所以口碑的重要性不言而喻。装企在保证传播内容品质的基础上，可以动员员工，推进全员营销，最大化扩展宣传边界；也可以在小区征集样板间，发起装修团购等活动，通过社区互动推进装修用户的不断裂变。

5.2.4　参与热点话题——借势传播

1. 基于产品或服务产生内容，借话题热度高效传播引流

（1）装修行业高频出现的热点话题。

装修行业高频出现的热点话题有装修风格、装修攻略、装修案例、装修风水、装修贷款、装修污染、装修预算、装修监理、交房验房、翻新改造等。

装修相关的热点成为新闻话题后，会在短时间内吸引大量的关注，这时，装企的运营团队反应要快，积极在各个自媒体平台和社群中同大家讨论、互动，当有人有相关问题或需求时，就可以将准备好的优质内容传播出去。这种机会不常有，但若运营得当，就可能给装企带来大量的获客，甚至有可能扭转装企的经营局面。

但这种借势，至少需要两个前提：一是优质的内容，否则巧妇难为无米之炊；二是好的运营团队，能把握住难得的发展机遇。

（2）避免出现的问题。

① 装企发布的信息多数属于促销信息，可这类信息传播的价值有限，没有办法形成二次传播。

② "好事不出门，坏事传千里。"因为家装消费业务链条比较长的特点，稍有不慎就可能出现问题。如果处理不当，负面信息扩散，各种投诉会带来很多麻烦。美得你在北京市场曾依靠"广播电视轰炸＋低价套餐"模式迅速拿单，但交付跟不上，负面口碑不断，用户集体退单，从高峰时单月 1000 单下降到 300 单，资金链恶化，最后被市场淘汰。

2. 加大蓄水池，深度挖掘口碑效应

每个装修用户在装修前，除了在网上搜索装修信息外，也会向有装修经历的朋友咨询注意事项。要解决的问题是怎么让装修用户知道周边的朋友有装修经历。

如果一个我们正在服务的用户在朋友圈分享过一次相关内容，其朋友不一定看到。但如果分享过多次，被看到的可能性就更大，那就要在装修过程中不断制造话题点，让用户能多次分享传播。可见，深度挖掘口碑效是关键。

5.3 高效推广的前提是构建自身的流量池

推广投放的本质就是用户流量的争夺。怎样筛选有效的渠道？怎样筛选精准用户？怎样降低获客成本？这是装企市场营销部必须面对的问题。

5.3.1 线上线下哪种渠道获客更划算

2015 年，互联网家装刚兴起的时候，线上获客还处在一个高速发展的阶段，所以很多装企享受了一波线上低成本获客的红利，但是随着大量线上的涌入，流量变得稀缺，价格也就水涨船高了，线上获客优势不再那么明显。

如今，线上线下获客的成本基本趋同，甚至深扎小区的线下获客成本可能还会低于线上获客成本。在此背景下，装企应线上线下两手抓，拿到用户才是王道。

1. 传统的线下获客有哪些

第一是打电话。出于用户隐私保护的目的，再加上现在年轻人的自我权益保护意识日益增强，官方对骚扰电话的监管力度也在不断加强，故此法的合规性须慎重考虑。

第二是在建材城里开店。去建材城的多是半包装修的用户，对装企的挑战性比较大。另外，现在大型建材城自身的流量也在被电商和整装蚕食，竞争异常激烈。

第三是做小区活动。线上获取流量成本越来越高了，线下获客成本有可能比线上便宜，只是没那么大的量。但很多新交房小区的业主集中度高，有天然的社群信任基础。

小区运营的优势有以下几点。

（1）**用户聚焦**。装企通过小区蹲守、物业合作等方式比较容易找到目标群体，降低获取成本。另外，同一小区用户的消费能力、消费偏好等需求有相似之处，可以为装企找到共性提供突破口。

（2）**户型聚焦**。装企可以制定针对户型的营销方案；装企可以针对小区的所有户型制定一房一价的精准报价方案，让产品更聚焦，产品毛利率也比较好把控。

（3）**信任传导**。基于小区邻居间的强信任基础，可以在小区内开展一些低成本的免费服务，通过邻里间的口口相传，让更多人知晓，在服务过程中就被邻居邀请，这样就与潜在用户建立了连接，实现信任传递和价值放大，利于小区的口碑裂变。

针对新小区，可以通过免费验房收房、免费制作效果图等低成本的服务策略，挖掘用户；针对老小区，可以把免费检修、家居维保等服务落地到社区，包括马桶检修，墙地砖勾缝，门、门吸、门锁、合页维修，水龙头维修更换，排水检测，灯具检修更换，开关、插座、面板检修更换，电路检测，窗户渗水检测，挂件安装固定检修，防水渗漏检修等。

（4）**异业合作获客**。装企可进行异业合作，如与房产中介、售楼部、小区物业、家具建材品牌等合作，关键是利益如何分成。如果给合作企业的分成低了，合作企业不愿意干，无法打开销售渠道；分成高了，要么装企没有利润，要么就得提高产品客单值，或降低产品配置，前者损害装企的利益，后两者削弱了产品的竞争力。

而异业合作的伙伴也有不少选择，哪家装企给的佣金高就跟哪家合作，所以异业合作也是一把双刃剑。装企需要用好这个手段，最好的突破口就是要在用户那里建立品牌影响力，让用户在选择产品时能够实现品牌指向性购买，就能降低对异业合作伙伴的依赖。

2. 线上渠道有哪些

随着移动互联网应用的普及，用户获取装修资讯和装修服务的渠道更为多元。

搜索类：百度、搜狗、360搜索、神马搜索、产品官网。

视频类：抖音、快手、bilibili。

社交类：微信、微博、贴吧、小红书。

电商类：京东、淘宝、天猫、拼多多。

资讯类：头条、腾讯新闻、UC浏览器、知乎。

O2O平台：美团点评、58同城、安居客、贝壳找房。

装修类：一兜糖、住小帮、好好住。

线上平台通过产品展示、用户案例、用户评价、购买反馈等各个维度诠释了装企产品和服务的全貌，也是用户对装企建立第一印象的关键场景。多元化、分散化的线上平台构成了获客的渠道和接触点，已经是营销获客团队的运营主场地，需要统一化管理，以便于更好地服务用户。

面对如此多的流量平台，装企该怎样选择？答案是，装企要"寄生"在这些大的流量平台之上。装企要做的是在平台红利没有消退的时候，快速进去分得一杯羹。如尚品宅配，在行业内很早布局了视频直播平台，至今仍在享受这些平台带来的红利。

其实，互联网上可供装企获取用户的渠道实在太多，比如去知乎开一个Live。渠道不是线上推广的核心，内容才是。有了优质内容，装企就可以覆盖多个渠道，用高质量的内容吸引精准的流量。

3. 装企线上广告转化仍存在较大的障碍

尽管线上渠道已成为家装潜在用户获取信息的主要渠道，但超过一半的家装人群会因为担心产品品质无法保证，本地没有该品牌实体店，担心运费贵以及保修难等问题，进而放弃线上购买家居装修产品，用户纯线上购买的链路仍然存在较大的障碍。

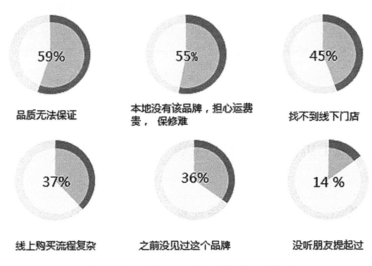

59%	55%	45%
品质无法保证	本地没有该品牌，担心运费贵，保修难	找不到线下门店
37%	36%	14%
线上购买流程复杂	之前没见过这个品牌	没听朋友提起过

未能由线上广告购买家居家装产品的障碍

爱空间创始人陈炜曾说每天在百度搜家装家居相关信息的人有 450 万。这么大的流量，只要敢投钱，都能拿到手里。但这个需要大投入才有大回报，小投入根本没回报，不如不投，所以传统装企在这方面谨小慎微，就回到线下最传统的方法，招人打电话。市面上的各种网络营销手段，多是小打小闹，没有大投入，只能是隔靴搔痒，还不如做好线下和口碑。

线上品牌类的广告，是高举高打的策略：一方面是重金投入，成本较高；另一面，对装企的获客转化能力也提出了更高的要求，线上线下融合营销，是大型装企进化的必由之路。

4. 一切以拦截有效用户去签单的营销动作，都是耍流氓

有效流量的导入成本太高，这是装饰行业的共识。土巴兔的单个有效

用户的获取成本在 200 元以上。其他装企的单个有效用户的获取成本基本都在 500 元以上，如果核算到上门成本，1000 元以上属于普遍现象。因此装企看重流量转化率，KPI 压制了创新，然后进入恶性循环，导致成本越来越高！

借鉴小米及一些知名微信公众号的粉丝运营策略，得出以下运作流程。

（1）不限定或者不严格限定装修需求目标用户的粉丝增长策略。

（2）针对大量粉丝开展内容运营，促进粉丝与平台的持续互动。

（3）逐步将粉丝价值向装修交易转化。

上述三点的关键是独立运作，放弃从引流就开始的转化率 KPI，将每一个点都做到极致。

5.3.2　线上店铺不仅仅是一家店

1. 把线上店铺看作一家店还是一个渠道

线上线下融合营销的趋势下，很多传统装企尤其是有一定规模的中型以上装企开始尝试线上店铺。尽管线上各大平台流量成本较高，转化也存在一定障碍，但目标消费群体的习惯变了，去线下门店前通常会在线上查看装企及其产品相关信息，线上店铺就成了装企和潜在用户建立连接的重要抓手。

装企也意识到线上店铺的重要性。在获客成本较高的背景下，如何提升线上店铺的转化率便成了关键，问题的核心是：装企把线上店铺看作一家店，还是一个渠道？如果把线上店铺看作一家店，目的是获得更多流量，可能需要花大钱抢到前排展示机会才有流量，且到店转化效果也不确定，毕竟家装不是衣服、手机、家电等标准化产品。如果把线上店铺看作一个渠道，目的是跟尽可能多的潜在用户建立联系。线上店铺需要做的是展示用户想了解的内容，如装企实力、产品和服务的细节以及其他用户的真实评价，在线答疑，通过持续的运营积累足够多的用户关注，也可以通过用户反馈发现自身的问题，改善产品和服务，打造用户口碑，最终促成到店转化。

装修口碑怎么来：重塑用户体验场景

84

2. 搭建线上店铺的机遇和挑战

· 搭建线上店铺对装企的好处

（1）平台背书提高了用户对装企的信任度。装修产品在销售过程中，很大一部分工作就是在与用户建立信任。而这些大的互联网电商平台也能给装企增加信任背书。

（2）开辟了新的获客成交渠道，目前很多传统线下装企丧失了与用户对接沟通的机会，反而让很多具有互联网属性的装企尝到了甜头，逆势增长。

（3）促进了销售转化率，因为电商平台的支付担保功能和资金可退功能，可以降低用户支付时的心理戒备，实现快速成交。

· 线上店铺带来的挑战

线上店铺都有评价功能，这对线上装企的运营工作也带来比较大的挑战，需要有效管理用户的评价，引导正向评价，管理负向评价。

有些用户因为装修问题得不到有效解决，就会把问题通过电商平台进行上报，加大了店铺运营工作量。而且有些施工交付的问题牵扯的链条关系错综复杂，稍有不慎就会影响到店铺的信用评级，前期的大量运营工作就可能毁于一旦。装企想要利用好电商平台，就必须加大对线上运营团队的投入，加大对交付端的管控力度。

5.3.3 装企怎样构建私域流量池

装企的流量池是比较分散的，比如市场推广的流量池、工厂工人的流量池、设计师流量池、老用户流量池、异业伙伴的流量池等。

2019 年，私域流量在家居家装行业走红。进入 2020 年，私域流量变得更加重要，凡是事先把私域流量池做好了的，流量"蓄水"比较成功的，生意都不太差。

知者重点关注的 200 家装企里，70％以上都在想办法经营自己的私域流量池，主要方式包括会员俱乐部、用户管理系统、公众号、头条号、抖音号、快手号、社群等，试图以会员、粉丝、群成员等形式，建立自己的私域流量池。

1. 什么是私域流量

引用润米咨询创始人刘润在2021年度演讲"进化的力量"中的解释：

> 私域，就是那些你直接拥有的、可重复、低成本甚至免费触达的用户。

这句话里有三个要素。

第一个要素是拥有。就好比自己打了一口井，打井的人可以随时用这口井，别人用，还能收钱。

第二个要素是重复。就是装企跟用户建立连接，并且可以重复发生互动和交易。

第三个要素是低成本。就是自己打的井可以低成本甚至免费取水。每次触达用户的成本越低越好，趋近于零。

2. 实现私域必须有三个关键的指标

私有化：私有化是装企掌握的用户，可以反复利用，多次低成本触达，具体表现为微信群、公众号、官方网站、抖音号、今日头条号、快手号、app、会员体系等形成的装企私有化的流量池。

复购率：因为装企跟用户建立的信任关系以及链接通路，用户养成路径依赖，进而多次、持续地重复购买行为。

转介绍：用户对产品服务体验良好，对产品品质有确定的信心，愿意介绍给朋友，新用户进入促进了私域流量池的二次扩大。

私域流量池的首次扩充是通过从公域流量引流来实现的。如百度、淘宝、微信等平台分别占据了搜索、电商、社交的流量入口，拥有数以亿计的流量。如果装企想接入，就需要购买，且流量的大小取决于平台的分发，装企没有控制权。

如何引流？如用户在淘宝搜产品后，浏览百度推荐页会有相关产品推荐，用户通过链接买东西后，有时收到店家附赠的小卡片，上面印有二维码，可加微信。各平台的流量通过装企间的协议流动，促成平台上的商户和用户的交易。

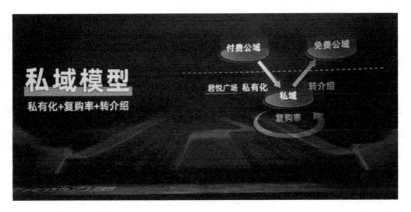

私域模型

总之，私域流量运营的目的是跟用户建立联系，并提供一对一服务，进而促成交易。大体可分成两类：一类是主动引流、加好友；另一类是通过给一定好处让用户主动联系装企，引流到社群中，如扫码返现。

3. 装企搭建私域流量池的六个关键步骤

第一步，选择流量平台。当前公域流量平台众多，如微信、微博、抖音、快手、小红书、bilibili 等，在哪些平台开账号，要根据装企目标用户特点来分析，用户在哪里，装企就去哪里。

第二步，组建运营团队。获客成本较高，让装企意识到了私域流量的重要性，但一方面装企投入的精力和财力不够，另一方面招不到这方面的运营人才。即便装企招到运营人才，这些多半出身互联网和教育行业的员工也不太适应装企氛围，难以融入，最终导致项目流失。所以，装企需要强化公司文化建设，加大投入，重视运营团队建设。

第三步，明确增长目标。有了目标才能有的放矢。装企通过追踪各账号的粉丝量、群成员数量、转化率等，才能准确把握流量池的价值。

第四步，流量扩大方案。如何吸引更多的人进入流量池？流量池不仅涵盖目标用户，还要兼顾那些乐于分享、喜欢传播家装相关内容的人，他们在活跃群组的同时，可扩大传播价值，吸引更多的人加入群组。

第五步，设计转化机制。通过拉新、留存、促活、转化、复购、口碑介绍等机制，让每个渠道进入的流量实现自增长。

第六步，进行精准营销。可采用红包、拼团、价值内容分享、线下团体活动等方式提高用户的活跃度和黏性。装企针对用户的不同需求，制定不同的转化产品和转化策略，进行精准化营销。

总的来说，装企私域流量池的创建过程就像大树扎根一样，一方面要把现有的每个树根往深里扎，即把旧渠道流量做透；另外要不断生长出新的树根，即开发新渠道流量。这样装企才能"枝繁叶茂"，解决流量问题。

5.4 邀约用户到店的七步法则

装企通过不同的渠道获取用户资源之后，首先要解决的事情就是邀约用户到店，而电话邀约是一种最直接最有效的方式。邀约用户到店有七个步骤。

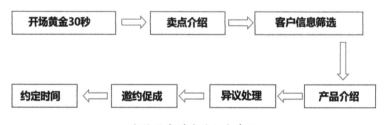

邀约用户到店的七个步骤

5.4.1 第一步：开场黄金30秒

开场黄金30秒非常关键，做电话销售经常遇到一种"开场挂"的情形，一定要分析用户挂电话的原因是什么。一般来说，有以下四种可能。

第一，时间不对，用户接电话的时候正在开会或者有其他的事情在做。

第二，频繁使用的陌生电话号码已经被第三方监控软件标记成了骚扰电话。

第三，用户很反感，觉得被骚扰了，心中存在顾虑。

第四，千篇一律的产品介绍，导致用户很难产生兴趣。

电话接通后，要提升电话邀约的成功率，首先要把握开场白的三要素：**自我介绍、说明来意、确定用户时间的可行性**。

首先，自我介绍一定要清晰。一定要向用户介绍清楚"我是谁"，且语气柔和，可以给用户一个良好的印象。

其次，直截了当说明来意。因为在开场时用户对销售人员打电话的目的不清楚，会有防备心。**说明来意要结合用户信息获取的场景**。对不同来源渠道的用户，销售人员在开场自我介绍中先要解释清楚，比如说，用户是从微信报名来的，说明用户有装修需求。电话接通后销售人员一定要匹配用户报名的一个场景。

最后，确定用户时间的可行性。向用户说明来意之后，询问用户"耽误您一两分钟给您做个大概的介绍，您看可以吗?"这样做的目的是告知用户你不会耽误很多的时间，让用户有继续听下去的意愿。

5.4.2 第二步：卖点介绍

卖点需要用简短的文字清晰地提炼出来。普通人对陌生电话是没有耐心的，不愿意给对方太多时间。如果用户没有听到自己关注的信息，就很难继续往下听。

5.4.3 第三步：用户信息筛选

用户信息筛选的目的，就是在简单沟通中，通过几个问题快速了解用户的真实需求，从而确定是否有必要进一步沟通，如产品服务范畴不符合、区域限制等，就可以提前结束，不必浪费彼此时间。可通过以下几个问题来筛选。

（1）房屋情况：新房装修还是老房装修？期房还是现房？

（2）家庭成员：家庭成员结构，是否有老人和儿童的特殊需求？

（3）装修意向：半包还是全包？装修风格？装修档次？装修预算？

5.4.4　第四步：产品介绍

产品介绍有一个重要的黄金法则——FABE 销售法则。

标准句式："因为（特征）……，从而有（优点）……，对您而言有（什么好处）……，您看（证据）……"

（1）Feature（属性、特点）——产品的一个独特且有竞争力的特质。

（2）Advantage（优点、作用）——用户使用产品之后，产品能起到什么作用，与同类产品相比它的优势是什么。

（3）Benefit（好处、益处）——使用了之后能给用户带来什么。

（4）Evidence（证据、证明）——拿什么来证明，比如口碑评价、案例。

5.4.5　第五步：异议处理

在介绍完产品之后，用户有时会提出一些异议，比如：价格能不能再优惠些？每家都说自己的材料是环保材质，你们怎么能证明？面对这些异议，销售人员该怎么办呢？

异议处理的步骤方法如下。

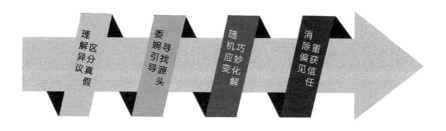

理解异议区分真假　委婉引导寻找源头　随机应变巧妙化解　消除偏见重获信任

异议处理的步骤方法

1. 理解异议，区分真假

嫌货才是买货人。用户提出异议，在一定程度上说，对装企已经有一定程度的认可了，这时能处理好的话，有助于成交。但销售人员先要弄清楚用户提的异议是真需求，还是在试探。

2. 委婉引导，寻找源头

比如用户提出价格贵、报价太高，这时销售人员就需要通过引导，挖掘用户是真的嫌贵，还是因为没有给他解释清楚报价的结构。若为后者，则需要销售人员向用户解释清楚报价结构。

3. 随机应变，巧妙化解

遇到任何一个问题，一定不要质疑用户，而要给用户拿出一个合理的解决方案。比如：我理解您说的意思是×××，请问是这样吗？销售人员弄清楚用户的真正问题点，才能给出精准的解答。

4. 消除偏见，重获信任

在介绍完产品之后，用户可能还有某些不确定的因素，或者有迟疑的状态，这时候销售人员要通过同理心、换位思考的方式跟用户沟通，站在同一个思维角度来分析问题，最终获取用户的信任。

5.4.6　第六步：邀约促成

邀约促成的关键是，通过产品策略、活动策略、优惠政策或激励策略等给用户一个到店的理由。

装企常用的邀约工具有免费效果图、优惠活动、到店抽奖、免费量房、专车接送等。

装企常用的邀约策略是产品说明会、门店周年庆、家装说明会、新品体验、户型解析会、小区团购会等。

5.4.7　第七步：约定时间

　　预约到店时间确认的方法：**封闭式问答**。给用户两种选择，且这两种选择对结果达成都是统一的。比如询问用户：您是上午来还是下午？封闭式问答给用户设定了一个选择路径。用户如果有意向，通常会按照预定的路径二选一，确定具体的到店时间。

6

销售成交，从了解到信任

6.1 展厅打造与门店模式取舍

用户在到店后会对装企进行全面评估，即对装企的实力强不强，设计美不美，材料好不好，施工细不细，服务全不全，价格贵不贵等关键要素做出判断。所以作为装企成交的重要阵地——展厅，一定要按照用户诉求点和关注点进行打造。

6.1.1 展厅的模块化构成

1. 品牌展示区

品牌展示区是装企给用户建立第一印象的区域，一般集中在门头店招和前台部分。要体现公司的实力，除了高端大气之外，方案设计中植入企业的品牌文化和理念一样重要，以下几个设计策略可供参考：

（1）全国连锁：可以使用地图标记装企分布，用门店编号或者经营授权牌等体现。

（2）专业标准体系：荣誉证书、专利证书等。

（3）文化内涵：价值观、产品价值观等素材。

2. 用户接待区

该区域是客户经理与用户沟通洽谈的重要场所，应该尽可能设计令人轻松愉悦的环境氛围，让用户放松警惕，愿意静下心来与工作人员沟通装修需求。同时该场景中应该融入更多的销售辅助工具，让工作人员可以最大化地利用工具进行沟通谈单。

（1）服务流程说明：设计流程、施工流程、服务流程等，让用户心里有底。

（2）产品保障体系说明：设计保障、施工保障、服务保障、资金保障、售后保障等。

（3）活动政策说明：促销活动物料、小区团购等物料，给用户制造出稀缺的氛围感。

3. 设计方案区

（1）设计体系展示：设计理念、电路设计、水路设计、功能设计、效果设计、工艺设计、布局设计、动线规划等。

（2）设计能力展示：设计师简介、案例作品简介、实景方案介绍。

4. 材料展示区

不同装企的产品整合度不同，半包、硬装、软装产品的材料范围存在较大差异，如产品驱动型的装企展示会强化材料的特性，弱化材料的品类丰富度。

（1）硬装主材展示：瓷砖、地板、木门、吊顶、开关面板、浴室柜、马桶、花洒、乳胶漆等。

（2）硬装辅材展示：防水、电线、墙固、地固、腻子、背涂胶、水管等。

（3）定制五金展示：橱柜台面、橱柜面板、吊柜、地柜、全屋定制柜、开关等。

（4）软装饰品展示：窗帘布艺、挂画灯具、沙发家具、壁纸等。

5. 工艺展示区

按照从毛坯到整装的施工逻辑，整个施工过程包括空间拆除和墙地面修复、空间设备保护、水路施工、电路施工、木工吊顶、瓦工施工、油工施工、主材安装、定制品安装、灯具电器安装、家具饰品陈列。

工艺展示区应对业务涉及的装修流程、工序、工艺进行立体式说明，让用户有直观的了解，也能减少销售人员的解释时间。

6. 实景样板间

实景样板间从设计效果、硬装标准、软装陈列等多个维度还原了装企的装修标准和水平。

如果展厅面积允许，应尽可能布置装修样板间。样板间既是一个用户接待的空间场景，也是一个呈现完整效果的展示机会。如果展厅面积不允许，可以对样板间进行功能模块切分，如只把厨房和卫生间两个区域进行重点设计和展示，因为这两个空间在装修上是流程最复杂、用户最关注的功能模块空间。

6.1.2 常见三种门店模型

1. 城市中心店模型

店面面积：2000～20000 平方米。

店面位置：城市核心区域，交通方便。

获客方式：注重规模化获客能力建设，有专门的市场投放部门，通过品牌广告、规模化投放获客。

组织架构：组织结构较复杂，有品牌营销部、线上市场部、线下市场部、设计部、工程部、客服部等相对完整的公司架构。

城市中心店模型优势如下。

（1）大店可以将多种工艺、各种材料、不同风格的样板间等模块集中展示，用户一站式服务体验较小店要好。

（2）品牌实力能得到最大程度彰显，大店更容易获得用户的信任。

（3）大店的整体氛围感相对较好，员工能互相促进。

城市中心店模型劣势如下。

（1）人员架构复杂，对组织管理能力要求更高，要有更强的调度协调能力。

（2）需要规模化的销售、设计和交付能力支持，否则不足以支撑门店的坪效。

（3）一次性投入的成本比较大，需要充分调研选址。

典型案例：沪佳装饰、全包圆、爱空间。

2. 城市社区店模型

店面面积：50～300平方米。

店面位置：分布在近几年新交房的小区或老校区周边。

获客方式：以线下获客为主。

组织架构：全员营销，以销售部和工程部两个部门为主。

城市社区店模型店型优势如下。

（1）门店较小，投资成本低，灵活度高。

（2）离新交房的小区较近，用户到店有一定的便利性，可用近距离服务打信任牌。

城市社区店模型店型劣势如下。

（1）店内人员少，整体氛围不浓。

（2）门店面积较小，展示模块比较简单，产品解释成本高。

典型案例：今朝装饰社区店。

3. 城市组合门店模型

业务模式：采用中心大店和社区小店相结合的方式。

店面位置：大店分布在城市中心，社区小店跟着新交楼盘布局。

获客方式：线上线下一体化获客，最大化共享门店展厅。

组织架构：中心店和社区店两种组合门店。

城市组合门店模型店型优势如下。

（1）从规模和密度上最大化覆盖城市，提高了用户触达率。

（2）两种店型可以进行共享，让业务人员有更大的发挥空间。

（3）中心店进行品牌加持，社区店进行密度加持，两者配合，协同效率更高。

（4）适合在阵地战＋游击战相结合的模式，最大化做透一个城市。

城市组合门店模型店型劣势如下。

（1）可能会出现业务人员撞单和利益冲突问题，两边协同时需要划分好利益关系。

（2）部分门店面积较小，展示产品比较简单，产品解释成本高。

典型案例：城市人家。

6.1.3 大店与小店的取舍

家装门店不仅展示材料，而且要展示场景方案。怎样给用户直观展示装修产品解决方案，在一定程度上影响上门的转化率。门店的大小对运营者的操盘能力要求也有较大的差异。

1. 为什么区域头部装企在加速布局上万平方米大店

最近几年，成都岚庭装饰，除了在成都和武汉开门店，又在西昌、达州、宜宾、绵阳、泸州、西安、重庆、深圳、昆明增加了9家门店。

2021年底，业之峰继武汉、西安后，第三个超级新物种大店在青岛开业，整合了全包圆整装、家具、个性化设计等，适配刚需、中端、高端不同消费层次及设计、硬装、软装全方位的家装需求。

大店背后的逻辑是：店大，装企就靠谱，就安全，不会跑；店大，有大面积的材料展厅和样板间，也可以卖材料，走零售路线。这样人效和坪效就高，而不是单纯增加营业面积，同时增加员工人数。

业之峰董事长张钧认为，小店基本靠店面自然客流，承担着高额的租金，依托购物广场，还要面临缺好店长、缺人等问题，成本不可控。

> "而我们在强引流优势的基础上，有限数量的大店既显得高端集约客流、看得住、管得住，同时大店大气场加上数字孪生技术的补充，体验感更强。再者大店对自然客流依赖很小，店面区位是没落物业，以极低的价格拿下房租的差价也是利润来源。别人赚一份装修的钱，我赚三份钱：装修的钱、运营没落商业地产赚的差价、广告的差价。"

如果在一个三四线城市，有能力支撑扩张，可以在非黄金地段开一个中等规模，比如500～1500平方米的中心店；再在建材市场扎堆区域或一些住户密集小区聚焦的地方，开两个200～300平方米的卫星店。这样一个中心店加一两个"卫星店"，既起到宣传作用，也可以将客流往中心店引。比如，第一次接待用户可能在卫星店，到谈设计方案时，就可以在中心店的VIP包间，用户的信任度就会提升不少。

当然，装企大店运营侧重点也不同，如北京爱空间贴近不同用户画像的生活场景做样板间展示，推出整装升级产品，让用户看得见、摸得着，容易被触动；湖南的九根藤不仅实现整装产品化销售，还通过门店、仓储和定制工厂的一体化让用户眼见为实，大幅提升用户信任度；住范儿则是通过零售商城模式打造装修一站式服务体验，定价体系透明，减少了不确定性。

总之，大店可以让装企的产品和品牌的理念得到更好的展示，用户感知到的信息更多，体验更好，对品牌的信任度就更高，门店的转化率也会提升，所以很多有实力的区域头部装企在加速布局大店。

2. 为什么有的门店小了，反而生意好了

很多装企都在尝试家装社区店，但经营效果不佳，主要问题还是重营销、轻交付，导致交付品质不稳定。在目前市场行情下，除个别小店重视交付，口碑相对好，获客成本低得以生存外，很多社区店都倒闭了。

社区店有其先天的优势：方便。消费者在自家楼下的小店可以一站式解决所有问题。未来的社区是满足城乡居民全生命周期工作与生活等各类需求的基本单元。中国的城镇化也在从建造向服务转型，社区店将同附近住户的生活深度绑定，庞大的存量市场就是其机会。**这类小店背后的逻辑：店小，但离用户近，接触机会多，容易建立信任，转化就高；店小，固定成本低，可以深度服务用户，提升体验和口碑，再通过口碑持续获客。如果背后有平台支持和品牌背书，小店也能创造大业绩。**

随着更多专业供应链平台的出现，行业数字化工具和管理体系会逐渐打通，社区店只有在得到众多平台支持后，就能提供更多个性化、定制化的服务，生意也会好起来。

3. 无论大小，用户的体验和口碑是装企出发点

装企实力不同，区域竞争态势不同，采取的策略不同，要根据自身情况仔细权衡。

（1）资金实力。占地上万平方米的大店，其租金、水电和人工是较大

的固定成本。相对于小店，大店是把鸡蛋放在一个篮子里，如遇到不可抗力时，门店关门，装企的现金流有中断的风险。而小店分布范围广，各自承担风险，相对灵活，风险小。

（2）区域影响力。装企如果在当地有了一定知名度，大店能强化其在用户心中的形象，让人觉得有实力，相对可靠，也跟小装企有了区分，容易提升客单价。但大店如果交付做不好，碰到较真的用户，装企付出的成本更大。所以装企应提升后端交付能力和售后保障，尽可能避免此类事件发生。

（3）产品化程度。大店有利于场景化展示，越是个性化的、不确定的、强调体验的产品越需要展示唤起用户的期望；而相对标准化的套餐产品若按用户使用场景展示空间，小店便足够了。但在整装大势所趋的背景下，旗舰大店的展示总体还是利大于弊的。

总之，用户的体验和口碑是装企的出发点，不同的店要根据自身实力和地区差异采取相应的策略，要提前测算投入产出，切不可生搬硬套。

6.1.4 展厅选址的注意点

1. 小米选址的启示：要解决流量问题

小米的用户和优衣库、星巴克、无印良品的用户高度重合，所以选址策略也差不多。小米之家主要选在一二线城市核心商圈的购物中心，优先和知名地产商合作，比如万达、华润和中粮。对于入驻的购物中心，小米还要考察其年收入。小米之家在入驻商圈之前，会统计客流，计算单位时间内的人流量，这样小米就可以获得基础的目标流量。

"小米新零售"的八大战略如下。

零售＝流量×转化率×客单价×复购率。

流量：对标快时尚选址 ＋ 低频变高频。

转化率：爆品战略 ＋ 大数据选品。

客单价：提高连带率 ＋ 增加体验性。

复购率：强化品牌认知 ＋ 打通全渠道。

这些战略，都只有一个目标：提高流量、转化率、客单价、复购率，最终做到了高达 27 万/平方米的坪效。在这个坪效之下，小米之家单店的费用率，只有 8%。

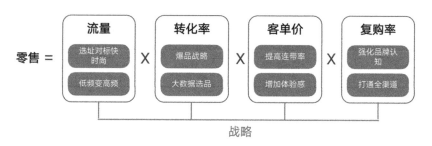

零售 = 流量（选址对标快时尚、低频变高频）× 转化率（爆品战略、大数据选品）× 客单价（提高连带率、增加体验感）× 复购率（强化品牌认知、打通全渠道）

战略

"小米新零售"的八大战略

另外一个策略就是低频变高频。小米之家有 20～30 个品类，200～300 件商品，所有的品类 1 年更换 1 次，就相当于用户每隔半月进店都有新品。虽然手机、充电宝、手环等商品是低频消费品，但是将所有低频消费品加在一起，就变成了高频。这样就把进店没东西可买的低效流量，变成了进店总能买几样东西的高效流量，解决了流量问题。

2. 把店开到商场里，离用户更近

出于成本的考量，装企一般把店开在写字楼里，而靓家居从 2014 年至今，在广东把 100 多家直营店设在购物中心，面积 500～1000 平方米。

靓家居认为，现在年轻人的消费习惯发生了改变。套餐和整装用户多数属于刚需和改善型，房型为两房、三房或者四房，主体为"80 后""90 后"，他们平时很少去建材卖场、家居卖场，逛街铺也不多。他们最喜欢去购物中心，不管刮风下雨、天冷天热，都可以购物、吃饭、看电影、体验亲子业态等，选购快时尚品牌。

店开在购物中心，还有一个原因是整装产品化之后可以零售，并能形成网格化，离用户更近。靓家居的网格化就 2 千米，店面 30 人，一个月的合同数不低于 20 个，不高于 40 个，15 万客单价，人员和订单自动调节，如客源有购物中心门店客、介绍客、小区客，出问题马上客源调剂，整体运营能力强。

6.2　用户需求沟通与产品初步匹配

用户第一次上门的时候，有三个疑问：做成什么样，花多少钱，怎么保障。

6.2.1　准确把握用户需求点

用户需求把握的能力：识人、会问、会听、会讲。

用户需求把握的能力

第一步：识人，判断用户类型

这里的用户类型主要是根据用户到店的状态进行划分的，一般只分为两种：**第一种是"小白"型用户**，其对家装所知甚少，是进店来了解学习的；**第二种是验证型用户**，其对建材有过了解，前期做过功课，也去过一些装企，或以前装修过房子。

工作人员没有搞清楚用户状态，见到第一面，就夸夸其谈。这种行为会给用户造成困惑，不知道用户需要什么，工作人员的讲解适得其反，用户可能会反感。因此，首先工作人员要判断用户是哪种类型，然后采取不同的应对策略。

（1）小白型用户。

用户特点：希望听到专业建议。

针对这一点，工作人员可以顺其自然地询问用户对装修了解的程度，判断其对装修的认知；再用不同的方法跟用户沟通，如可以用场景化的方式引导用户，但在前期要做好场景设计、问题设计以及设计对应问题的标准答案。

（2）验证型用户。

用户特点：要么问题特别多，要么什么都不说。

第一种，问题特别多型。比如，会问用的什么地板，是多厚的，用的瓷砖是什么品牌的，板材是否环保等。此类用户喜欢用专业词语和工作人员沟通。

第二，什么都不说型。此时用户就听工作人员讲，这是他在观察。对于这种用户，可以换一种方式进行引导，比如可以这样询问："先生，您好，刚才我讲的这些您明白了吗？对不对？"如果他认为你说的对，他会略微点头：噢，明白了。但他不一定听懂了。如果用户再提出疑问，追加问题，就说明工作人员所说的与他自己知道的不相符。

对此，要判断用户是否懂装修。如果不懂，切记要分段讲问题，讲完一个，要跟用户确认，问一下："我这样说您明白吗？"用户回答可以听懂，那证明他认可工作人员所说的。如果用户提出新的问题，不认可工作人员的回复，不可争辩，否则会影响用户对下一个问题的信任值。

第二步：会问，让其有问必答

提问是探索用户需求最重要的一个环节，也是最直接的手段。用户的问题主要分为大众化问题和个性化问题。

（1）大众化问题。

大众化问题即大多数人都会存在的普遍性问题（能猜到答案的），如您对这次装修了解了多少？用户无非会告诉你两种答案：没怎么看或了解一段时间了，今天想来具体看看。对于这些大众化的问题，工作人员可以提前整理好话术给予解答。

（2）个性化问题。

个性化问题，即挖掘用户内心隐形需求的问题（猜不到答案的）。对于这种问题，我们设计好隐形需求挖掘的问题技巧，利用顾问式询问，了解用户的需求状态。比如，您现在有新居了，那么您现在住的房子有什么生活不便的地方和您期望改变的方向？怎样调整能变得更好呢？

第三步：会听，给予对方尊重

倾听用户需求时，归总为一句话：**先认可后说明**。

用户不管说什么，先认可。因为一个人在跟对方沟通时，首先希望自己所说的东西别人是理解的。工作人员先给用户一个反馈，告诉用户自己明白他所说的，然后再陈述自己的观点。这种尊重对方的态度让用户舒服，会给用户带来踏实感。

第四步：会讲，讲到对方心里

要点有三：**尊重、总结、从听的过程发现问题**。

（1）尊重。

不要打断对方的讲话，要弄清楚对方为什么会这么说。

（2）总结。

在用户讲完之后，针对用户所讲的内容做一个总结。比如用户说非常喜欢木地板，说了很多。工作人员简单一个总结，是因为家里有老人和小孩，所以用木地板。用户若同意，便达成共识，达成共识足够多时，就能签单了。

（3）从听的过程发现问题。

用户描述并不清晰，需要我们去确认。比如用户说家里得有一个很好的电视墙。"很好"如何理解？这时候就要确认：您是想要石材电视墙还是木质的，或只贴壁纸，或者用玻璃，还是想用别的材质？是因为材质好，还是因为颜值好？是自己觉得好，还是别人觉得好？具体内涵是需要挖掘的。

主要强调以上第三点，且要将用户的问题记下来。因为整个谈单过程少则一两个小时，多则三五个小时，将挖掘到的需求记下来，有助于谈单过程中把握住重点，深入分析客户问题，话才能讲到对方的心里，提升谈单效率。

6.2.2 用户需求的快速识别

对于大部分初次装修的用户来说，装修需求是不明确的，对装修预算也没有概念，只有一个要求：物美价廉。

这里有一个常识：一分钱一分货。既要装得好，又想少花钱，就必须做取舍。销售人员需要把用户的需求进行快速分层和识别，找到其装修的关键需求点，并且进行有效排序和取舍，帮助用户锁定核心需求，进而根据价格进行调整，最终确定装修需求和方案。

（1）信任需求：首先要解决用户对装企和销售人员的信任问题，否则所有的需求都无从谈起。

（2）设计需求：用户选择装企，对设计是有一定要求的。

（3）工艺需求：用户更看重哪些区域的施工工艺？这些区域是否有特殊的工艺施工要求？

（4）材料需求：材料品牌、材料质量、材料环保性、材料花色和样式。

（5）服务需求：有没有时间装修？服务有没有保障？

（6）价格需求：这是最敏感的一部分需求，产品的价值有了，才能有相应的价格，只有前面的需求得到满足了，用户才愿意跟销售人员谈价格。

6.2.3　快速找到关键决策人

做出决策的是人，找对人就等于成功了一半。

在进行装修方案谈判的过程中，一定要找准关键决策人，否则所有沟通可能都会功亏一篑。我们见过很多装修单子都以"需要跟父母沟通一下""需要跟孩子沟通一下""需要回去跟老伴沟通一下"宣告失败。

这就需要销售人员在沟通方案之前，有效锁定装修的关键决策人，通过一看一问，来辨识关键决策人。

（1）看年轻单身，问："是不是家里父母做主？"

（2）看年轻小两口，问："是不是双方父母做主？"

（3）看老人单身，问："是不是孩子说了算？"

找到了关键决策人，销售人员就需要跟其建立联系，需求沟通过程最好邀请其参与，了解其关注点和诉求点，做出相应的调整。

6.2.4　有效管理用户的消费预期

主流家装市场一定要基于交付承诺兑现的用户预期管理，并能因良好的用户体验实现用户运营，所以了解用户家装预算和结果预期很重要。

（1）帮助其调整预期，使其合理化。用户平时不关注家装，对未来的装修效果会有过高的期望，手头预算往往又有限。客户经理要为其介绍行业主流产品类型及价位，调整用户预期趋于合理，然后才能进行下一步沟通。

（2）根据用户装修预算区间和核心诉求，为其推荐相应的产品。如果在沟通过程中，用户有了更多需求和扩大预算的打算，则可以为其推荐更好的产品方案。在产品初步匹配的阶段要避免强推，对方明明只有 10 万的预算，若为了更高的客单价非要推荐 15 万的方案，势必引起其反感。

（3）前期沟通过程中也要考虑后期施工交付，尽可能避免后期增项，所以产品手册要一目了然，涵盖项目要具体，结合展厅材料和空间展示，解决用户心中的疑虑，让其有收获感。

6.3　现场勘测与方案设计

6.3.1　现场需求"排雷"都有哪些

量房是用户装修服务的开始，目前市面上有两种量房服务：一种是免费设计，就是装修方案出来后再签合同；一种是先交装修预约金，再做量房设计。其中第一种作为获客引流的方式最普遍。

因为装修工序大多是不可逆的，这就要求设计师在量房的时候一定要对全屋进行仔细排查，对于存在异常非标的空间，需要重点记录下来，以防止后期方案出现偏差，这也是很多装企后期被投诉的问题点所在。**这里所说的"排雷"，是指针对空间出现的异形、尺寸偏差、原始结构缺陷等问题事先采取措施。**

1. 为什么家装行业的问题率很高

在装修量房过程中，设计师总会遗漏一些空间问题点，而这成为装修后期用户的投诉点，主要有以下几个原因。

（1）设计师经验不足，细节考虑不周，出现纰漏。

（2）有些空间缺陷，增加额外的费用，设计师担心单子没法成交，所以故意隐瞒。

（3）设计需求没有跟工程交付人员讲解清楚，交付人员仍按照经验施工，导致出现问题。

2. 常见的需求排雷点都有哪些

（1）室内设施：燃气表、入户门、水表、暖气表气压、窗户开合。

（2）水路问题：下水管道、出水点、地暖分布、原始防水、楼上防水、阳台窗户密封度。

（3）电路问题：入户电路、强电箱、弱电箱、电路分布。

（4）墙面问题：墙面平整度、墙面素灰、承重墙和轻体墙、墙面空鼓、墙面开裂、墙面垂直度、门洞宽高。

（5）顶面问题：顶面平整度、顶面横梁。

（6）地面问题：地面平整度、地面坡度、地面裂纹。

（7）电器问题：空调出风口、燃气出风口、电器点位。

最好将常见的"排雷"点以图文并茂的形式做成"排雷"手册，可以作为设计师工具，引导经验欠缺的设计师逐项"排雷"，提前规避风险，也方便检查；也可以让业主直观感知到装企的专业性，增加信任度，提升销售转化。

量房的直接结果就是产生详细数据的户型结构图，这是设计和施工的基础，如施工过程中的硬装水电点位，定制家居的尺寸大小都是在量房数据的基础上确定的。如果量房不仔细，后期就容易出现材料细节不匹配，甚至装不上，影响交付品质。

6.3.2　怎样提高方案制作的效率

设计方案制作的效率会影响用户的签单意愿。首先，出图的快慢会成为用户判断装企专业能力的一个指标；其次，用户可能同时询问几家装企，会通过对比出图的速度和质量，进行初步筛选；再次，出图过程中是否站在用户角度考虑问题，也是赢得用户信任的关键。

所以，设计方案要快、要好、要契合用户的需求。其一，设计构思要在勘测沟通过程中完成七成，胸有成竹，出图自然会快；其二，有条件要利用工具，如知户型、美家量房神器，可快速生成户型图和初步方案图，不用画 CAD 图。

只要设计师真正为用户考虑，并体现出自己的专业性，才能建立初步信任。有了这个基础，之后详细的硬装乃至软装设计方案的沟通就会相对容易。

6.3.3　平衡好品质与价格的关系

对功能、布局、动线、效果、收纳等进行综合设计后，就有了相对具体的装修方案，接下来最重要的就是品质和价格的权衡。

品质体现在两个方面：一是材料本身的品质，二是家装方案作为整体产品的最终呈现。前者是相对标准的，用户对不同建材品牌感知度不同，重要的还是产品的性价比。随着家装作为建材渠道的比重提升，有一定规模的装企能够以远低于零售的价格定制产品，如瓷砖、床垫等，可以让利给用户，从而提升转化率；后者重在整体性，尤其是主题色的统一，如木门、定制家具、踢脚线、成品家具、橱柜、浴室柜等整体风格一致，能提升产品颜值和整体质感，提升用户交易意愿。

价格是基于品质的，在品质得到用户认可的情况下，其价格的变动空间就会放大，因为用户觉得值；反之，用户会从材料成本的角度核算价格，总觉得价格高，迟迟不做决定，要货比三家，尽可能压价。

6.3.4　方案设计中的一个悖论

前期设计越精确，用户体验就越差；但是体验好，就很难精确。

前期设计越精确，用户的问题点会越多，产生的个性化项目也会更多，用户体验度则降低，销售成交的难度就会增加；反而设计越粗放，被"小白"用户发现的问题就越少，用户体验度越高，越容易成交，但是粗放设计又会导致施工过程中出现的问题增多。

从根本上来看，这是家装的非标属性引起的，越是精细和复杂，就越容易产生分歧。如买车就不存在这个问题，客户只需要知道品牌、车型的配置和价格，就能初步定。

但行业非标的问题短期内没办法解决，设计师该如何权衡？首先，把握用户的核心诉求，与此相关的部分要精细，最好反复确认；其次，容易达成一致的基础硬装需求，也不容易产生分歧，应确认；第三，至于其他部分，在方案设计阶段不必跟用户拆解过细，以免用户了解过多，产生更多疑惑。

6.4　价格谈判与促单签约

6.4.1　用聊天、讲故事的方式促进订单转化

1. 为什么要以聊天、讲故事的方式促进订单

用户愿意上门，说明有装修需求，但用户对一个相对陌生的装企及其业务人员肯定存在戒备心。尤其如今媒体发达，有太多被"套路"的案例在前，人们对陌生人的信任度很低。这种情况下，如何破冰？

销售人员可以从闲聊开始，不要一上来就让用户感觉到是为了赚他的钱，强势的销售会令人心生反感。至于聊天内容，应是日常内容或用户感兴趣的内容，如时事热点、路上见闻、养生美容等话题，通过开放性的问

题让用户打开话匣子，打破用户的抵触心理，与其建立联系。

当销售人员和用户聊得来的时候，双方的关系就近了一步，再谈价格回旋余地就大一些，不容易谈崩。而且，在家装产品同质化竞争趋势下，产品服务都差不多，用户更愿意跟一个聊得来的人打交道，这样在之后的装修过程中，有问题也好沟通，会省心不少。所以，**能否聊得来是影响成交的重要因素**。

2. 应提前准备故事素材

故事素材的来源主要有两类：一类是别人的，即其他做得好的设计师在谈单中用的故事素材；一类是自己的，即自己根据实际案例编撰故事，要注意逻辑自洽，且对每个故事都可以信手拈来，不能让人觉得假。

6.4.2　价格异议怎么处理

在用户询价、临门一脚促单的关键环节，你们有没有经常遇到类似这种情况：**给用户报价 19 万元，但是用户的预算仅有 15 万元，出现了价格异议，一时没谈拢，然后这个用户离开了，再约就约不来了**。

（1）出现价格异议，说明已经到了成交点，这时候一定要留住用户，不要等用户回去以后再解决，否则成功率和效率都是非常低的。

（2）要找到用户的心理价位。可提供一个标准供用户参考，如某个类型用户的装修价位，用户接受这个类型，也就接受了相应的价位，并以此为基础进行谈判。

（3）可通过减项法进行促单，如竞品报价 15 万，我方报价 19 万，那么通过与竞品在用料、成本、品质等多方面的对比，来突出多出的价格所在，并**通过项目方案做减法，给用户两套报价方案，让用户进行方案选择**。

（4）一定要逼单，一旦用户有签单意向，迅速拿出事先准备好的"签单意向书"和定金收据，将所谈结果迅速"落实在书面"的资料上，拿给用户签字就可以了。

6.4.3　促进销售成交的工具

打消用户顾虑，促进用户平稳成交。

1. 金融贷款工具

借贷消费、分期付款已经成为很多人的消费习惯了。家装少则几万，多则数十万，很多家庭不能一下子拿出来，所以金融贷款工具能降低用户的消费门槛，成为促进成交的必要手段。当下，很多银行都推出装修贷款产品，月费率在 0.3% 左右，相对于车贷和信用卡费用是较低的。

2. 保险保障工具

家装交付存在不确定性，为了让用户放心，规避不确定性带来的损失，前期的保险能在一定程度上降低用户的戒备，提升其对装企的信任度，进而促成签单。

如"积木家"对凡签约硬装套餐用户均可免费获得平安财产保险提供的价值 4 万元家装无忧险。此险种是为"积木家"用户定制的保障产品（保单生效日起或装修完工后的 360 天内），从承保到理赔环节均为个性化定制流程。

3. 电商支付工具

家装不同于服装、手机等产品那样所见即所得且容易退换货，但电商的第三方支付系统对增加双方的信任是有帮助的。支付宝本质上解决了在线交易的信任问题，是中国电商产业快速崛起的一大支柱。家装现在最大的问题就是潜在用户对装企的普遍不信任。

如果定金可退，甚至全部资金放在第三方平台上，平台根据约定分阶段对施工进行验收，验收通过用户确认，这部分钱才能支付给装企，就会提升用户的信任度，也会有一定的获客优势。

6.5　设计与施工交付对接之痛

设计师的需求与材料、施工对接准确程度直接影响着最终的交付水平，这也是很多装企交付的痛点所在。

6.5.1　材料下单之痛

材料下单对接过程中经常出现的问题如下。

（1）材料用量核算不准确：初期核算的材料用量不够，施工到一半的时候需要补料，材料费用不高，配送成本很高。

（2）材料型号出现偏差：材料配套的型号存在偏差导致工地施工停止，常见的问题主要在卫浴洁具、橱柜电器设备等部分。

（3）材料花色出现差异：不同批次的材料出现花色差异的问题，多出现在瓷砖部分，因为瓷砖是高温烧制的，每一炉烧制的瓷砖因温差等要素存在细微差异，最终不同批次的瓷砖也会存在差异。

（4）材料在工地现场需要变更：与前期效果图的材料型号和花色存在差异，用户在现场看到实物之后不满意，要求换材料。

材料一旦出现问题要退换货，轻则增加运输成本，耽误工期，降低项目利润；重则导致工地停工甚至项目终止，装企收不到尾款，用户传播负面评价。所以装企一开始务必要重视，核算清楚用料，收货要仔细确认，可能出问题的地方要有预案。最重要的是要有解决问题的态度，不能出了问题推责，得不偿失。

6.5.2　工程对接的坑

（1）设计图纸不完整：只是在应对物业管理，图纸标注不详细。目前，行业七八成装企的设计图纸都是流于形式，目的只是签单。因为没有考虑到施工细节（比如尺寸规格、施工工艺、材料特性、效果搭配等），在后续施工过程中就会暴露问题，需要修改装修方案，经常会出现增项收费的问题，导致用户体验极差。

（2）需求对接不全面：在墙面粗略地标记，对接需求很随意。设计交底太粗放，在很多的中小型装修装企中，因为没有统一严格的规范要求，很多设计师并没有给施工方提供施工图纸，只凭借交底时在墙面上标记的粗略的记号。这就导致很多标准规范都是工人凭经验实施，施工质量很难得到保证，交付品质很不稳定。

（3）用户没有在场确认：需求对接过程没有让用户确认，施工之后用户不认账。设计师要充分挖掘用户需求，效果图要用户确认，避免用户在施工过程中变更或调整装修方案，出现一边装修一边修改需求一边调整施工方案的现象。如果用户确认，即便出现调整方案的情况，用户也会自己承担费用，不影响总体体验。

不仅在设计对接环节，整个家装流程都应跟用户保持互动，如"积木家"通过用户界面倒逼各个板块的成长，以前没有用户反馈，有也是到客诉部门反馈，不能直观反映做得怎么样。现在应从需求提交、设计方案、签订合同、开工交底、施工过程、售后保障等环节跟用户互动，进行评价和反馈，努力改善用户体验。

6.5.3 设计师的服务到施工对接就停止了吗

在很多规模化的装企普遍存在的一个问题就是设计师的接单量很大，以至于设计师把需求对接给工程部之后，再也没有去过工地现场。

对每一位设计师来说，每一次装修交付都是一件作品，把控过程，实现结果兑现，用手机记录作品的实现过程非常重要。设计师应该至少在五个阶段结束时去工地检查：交底阶段、水电完毕阶段、瓦工竣工阶段、硬装竣工阶段和软装竣工阶段。这样才能保证一个整装全方案落地。

因为装修的很多工序不可逆，如底层防水没做好，上面的瓷砖、卫浴设施可能都要拆了重做，就会影响项目成本结构和工期，所以每一个阶段结束设计师都要去确认：施工是否按照设计落地，如果没有，应及时修正。另外，有的用户会中途更改设计，需要设计师了解工程进度，及时做出调整方案，用尽可能低的成本满足用户的需求，提升其满意度。

当然这里主要是针对收取了设计费的设计师而言。如果设计师服务的是刚需人群，产品标准化程度高，客单价低，也没收取设计费，这种情况下装企会更多地通过标准化、信息化和监理来管控工地。

7

施工交付，从信任到验证

7.1　施工交付中的常见问题

7.1.1　材料供应层面

（1）**材料缺断货**。由于材料库存和前端的销售展示没有实现联动，用户签约之后，选择的材料可能没有库存，最终导致无法供应或者材料配送周期延长。这种现象普遍存在于材料品类繁多的大型展厅中。

（2）**材料批次差异**。相同型号不同批次的产品，存在颜色规格差异，导致材料补货时出现色差。这种现象经常出现在瓷砖品类中。

（3）**材料下单错误**。在设计师、装企材料文员、供应商材料文员三个环节中一个人失误，都会导致下单错误。如材料在展厅展示时，标记编号出现错误，诱发下单错误。更糟糕的是，施工已经完成了，工作人员才发现材料下单错误，这个时候造成的损失就更大。

（4）**材料运输破损**。装修材料一般都比较笨重，在物流配送过程中稍不注意出现颠簸，都可能导致材料破损。如果材料运到工地发现有破损，就需要调换，影响工期，也会造成损耗。家装材料供应链的追溯体系需要尽快完善，来保障装企的工程交付。

（5）**材料品控问题**。材料有质量品控的问题，如在材料安装过程中没有人进行验收和质量把控，安装完成之后，用户发现产品质量有问题，最终需要退换货，重新配送安装，引发一系列的连锁反应，处理起来就很麻烦。

7.1.2　工人施工层面

（1）**工人协调问题**。大部分装企的工程项目都是以转包的方式分到项目经理或工长，而项目经理的工人资源也是有限的。项目经理大多都不善于使用项目化管理工具，在承接项目增加之后，往往会出现协调不及时的情况，影响施工工期。

（2）**材料对接问题**。怎样保障材料配送和施工节点的无缝衔接，这是摆在很多装企面前的一个大难题。材料与工艺的衔接紧密程度，直接影响了施工的周期。

（3）**工艺标准问题**。大部分的工人和项目经理并没有经过装企严格的培训就上岗，即便有，很多也是走过场，到具体施工时不按标准化操作，导致施工工艺标准参差不齐，工程质量难以把控。

7.1.3　信息化程度低

（1）**设计需求传递损耗大**。由于家装 BIM 系统还不成熟，再加上效果渲染引擎的模型搭建门槛比较高，很多装企的效果设计只是停留在签约阶段的效果展示层面，并没有完全延展到材料选项、空间算量、一键出施工图纸的环节，在设计需求和施工对接上存在不少断点，这时还是需要人去衔接，导致需求传递的损耗很大。

（2）**材料供应不畅通**。随着更多装企推出整装产品，意味着装企需要整合的材料越来越多。每个品类的材料从采购、仓储、配送到门店销售展示整个链条都需要打通，才能有效保障采、供、销三端联动，及时响应前端业务需求。

（3）**项目管理方式落后**。装企规模化发展的一大关键在于，如何并行管理数量庞大的在施工地，保障每个工地都能平稳、有序地开展工作，这就需要一个通过网络提供软件服务、以每个工地为最小协作单元的项目管理系统。

7.2　装企的供应链体系如何升级

目前装企的材料供应大多以两种方式进行。

（1）**当地整合**，找各材料品牌的经销商拿货，可能还要经销商提供配送、安装等服务，一般以中小装企为主。

（2）**厂家集采＋当地整合**，对于瓷砖、地板、木门等大客单价的核心品类，装企与厂商洽谈，从厂家集采直接到仓，服务由代理商负责，其他品类在当地整合即可。比如上海、长沙等地的头部装企采购水管与厂家谈妥价格，经销商或服务商负责施工；若是腰部或尾部装企，则直接与当地经销商谈好价格，由其负责施工。

以前，装企规模普遍不大，采购量有限，在材料合作体系中话语权、议价能力均较弱，材料商把装企作为一种推广和出货渠道，多年来很少能为装企渠道制定独立、有效的合作政策和配套措施。

如今，随着头部装企的增长和整装渠道的崛起，材料商对装企渠道愈发重视，不仅有专门团队负责，而且在产品、价格、服务和账期等方面有不少倾斜。

7.2.1　自主供应链是提升交付确定性的重要抓手

自主供应链有三大基本要求：一是自建仓储，二是工厂直采，三是材料分包。

自建仓储要考虑仓库的容量、SKU 选定、覆盖范围、周转率及一定的冗余，保证前端上样和后端施工所需材料齐全，并能准时送到门店和工地；工厂直采，从工厂批量运至自主仓储中心，较传统从渠道商分散采购总成本更低，给用户更具性价比的材料；材料分包是根据项目合同，将施工所需材料一次或多次分包配送到工地，集中配送不但提升效率，降低材料配送环节的错误率，还可规避灰色利润，改善用户体验。

　7 年来（2014—2021 年），爱空间的供应体系已进化为 4.0
版本，从单品牌单选的项目模式到双品牌精选的严选模式，从
双品牌多品类组合方案的多供应模式再到如今的双品牌多样性一
站式的 C2M 买手模式。

　爱空间 C2M 买手模式于 2021 年供应商大会上提出，它解决
的是客户完整的整装需求，基于多种生活方式的打造倒逼供应链
升级，保证产品的研发生产和交付服务等充分衔接。

爱空间在全国范围内拥有 13 个自建仓储。目前，仓库面积有 5 万多平方米，由于工期较短，库存周转在 1 个月左右，平均库存在几千万元，并设有供应链管理组，专业管控仓储调度和物流配送。接到前端订单后，爱空间依靠强大的供应链和信息系统精准安排、分四次准时送达，实现提前调度，人不等料。

爱空间的供应链系统对标京东，致力于打造家装行业里的"京东自营"！2021 全年业绩突破 15.5 亿元，同比去年增长 42%。

爱空间是典型的自建仓储和集中采购的全国头部装企，有体量优势。与爱空间不同，九根藤是典型的地方头部装企，深耕湖南湘潭，年硬装产值在 1.2 亿以上，爆款思维，产品标准化极高，样板间式整装 1:1 还原，含硬装、软装、全屋定制、窗帘、灯具、电器和挂画等，均价在 1100 元/平方米上下，而且无增项。九根藤的 SKU 更精简，爆品集采，而且是先款后货。湘潭总部楼上为展厅楼下为大仓，后面是定制工厂。

九根藤的材料成本较当地竞争对手低不少。比如东鹏瓷砖，竞争对手拿货价是每片 48 元，而九根藤只有 36 元；竞争对手用的伟星水管每米 5.4 元，九根藤用的是德标，每米 4.6 元，价格为什么更便宜？就在于先款后货，SKU 更少，物流直接到仓。在湘潭乃至湖南市场，九根藤供应链优势突出，对其整装产品的高性价比提供了强有力的支持。

获客成本的增加要求装企重视交付品质和口碑打造。整装趋势带来的 SKU 增加，也提升了交付的不确定性。相对于人员管理来说，材料的可控性在现阶段更容易实现，因此自主供应链成为当下区域乃至全国头部装企的重要抓手，通过丰富 SKU、提升配货效率和准确率改善用户体验。

7.2.2 供应链平台赋能装企和门店

虽然家装行业集中度在提升，但产值在 10 亿元以上的装企也就 30 余家。多数装企没有能力自建供应链，尤其面对整装趋势和更加庞杂的 SKU，需要借助第三方供应链平台实现材料的集中品质采购，同时也能更聚焦施工交付服务和提升用户体验。

2022 年 3 月，《中共中央国务院关于加快建设全国统一大市场的意见》指出：培育一批有全球影响力的数字化平台企业和供应链企业，促进全社会物流降本增效。

第三方供应链平台的成熟，能帮助装企将有限的资源聚焦于产品的设计和施工的管理，而且能促使家装从业人员从组货卖材料的传统逻辑转向提供设计、施工等专业服务。当更多专业的人开始做专业的事情，就能一定程度上规避灰色利润，进而有助于行业健康发展。

1. S2b2c 是个性定制时代的商业模式

曾鸣教授认为，S2b2c 模式最大的创新，是 S（supplier，供应商）和 b（business，渠道商）共同服务 c（customer，顾客）。S2b2c 的模式要成立，前提是要比传统的 B2c 模式提供更高的价值。

传统的 B2C 模式提供的是一致体验，由标准化的产品和服务、统一的供应链系统保证一致体验，核心价值由品牌承载，顾客也是因品牌而来的。而加盟店不拥有品牌，作为附庸，其个性化和创意被加盟合同严格限制在极窄小的范围，以此保证产品和体验的一致性，也更容易监管。

当 B2C 发展很好的时候，它的发展空间不大，因为它缺乏标准化的能力，包括产品、供应链、营销和品牌，所以只能在很小的细分领域或小众市场，通过差异化、个性化的产品，和与用户的深度互动，才能有生存的机会。

但随着生产力不断提升，物质日益丰富，中国很多行业已然产能过剩，供需关系的改变使得过去同质化的产品不能满足顾客日益多样化的个性需求，于是出现了越来越多的渠道商提供差异化的产品和服务，顾客因渠道商的个体特质而来。但渠道商服务顾客时，必须借助供应商的力量，才有更高的效率。而且供应商和渠道商的关系不是传统的加盟店的关系，因为流量属于渠道商，而非供应商。供应商只能赋能渠道商，而不能控制渠道商，所以，两者关系的核心是协同，不是管理。

个性化需求越多，服务越重要，供应商就越无法满足顾客，越需要同渠道商合作才能实现。

对于家装来说，工厂生产的材料只是半成品，需要通过测量、送货、安装、售后等服务才形成成品。因此相对其他快消品行业，材料行业更需

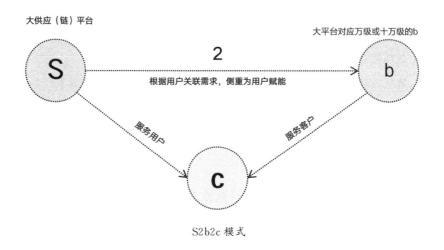

大供应（链）平台

大平台对应万级或十万级的b

2

根据用户关联需求，侧重为用户赋能

服务用户

服务客户

S2b2c 模式

要一个强大的 S 供应平台进行材料整合和需求对接。

对于家装行业的渠道商（中小装企或门店）来说，每个工地的主材需求都有差异，每个工地的每个主材订单都需要准时出现在工地，每个订单出现的问题都能快速响应并解决，最后还需要控制成本。没有一个强大的供应商来整合订单，规模集采，高效配送，装企材料供应的成本很难降低，效率很难提高。

2. 供应链平台如何赋能

赋能一：SaaS 化工具

供应商要赋能渠道商，首先保证信息渠道的畅通，需要一个 SaaS（software-as-a-service，软件即服务）化工具，让渠道商和顾客都能在线看到相关信息，如材料清单、报价、物流、安装等信息。通过这个工具，渠道商可以将顾客的个性化需求清单提供给供应商，供应商凭借其强大后台进行需求拆解和材料生产分配，给出综合报价，跟踪产品生产、物流以及到家安装服务等。

当然，SaaS 化工具的成熟运用有以下几个问题要解决。

（1）线下商品标准化。电商的商品标准化程度高，而各材料商线下商品的标准化程度很低，如何让商品在销售、采购、仓库、服务等过程中型号统一是一大难题。

（2）线下订单的标准化。电商订单先确定价格和数量，然后用户付款形成订单。而线下材料订单是一个动态变化的过程，有测量、报价、确认，还有频繁的补退货，如何有效管理是又一大挑战。

（3）线下服务需求的标准化。这里涉及仓储、物流、上门服务等，由于电商商品和订单的标准化，仓储、物流、服务的对接已经很顺畅了，但对于线下的材料商来说，首先数据不规范、不标准导致很难对接，其次线下的服务效率可能高于线上服务。

（4）SaaS 化工具的易用性。各材料商能力参差不齐，不能像供应商那样招聘专业人员来运作订单、仓库、物流、售后各模块统一协调运作的庞大体系。如何让系统易用，让用户产生足够的黏性至关重要。

赋能二：资源的集中采购

规模集采是有成本优势的，但不同于装企自主供应链的直采和定制，平台要解决材料和订单的标准化问题，可采用优选模式，每个品类优选几个品牌，每个品牌优选几个型号，同供应商合作专门为装企渠道定制产品，调整相应的售后体系。

赋能三：共同的品质保证

在平台模式下，流量天然地会向口碑更好的供应商汇集，会催生高性价比的爆品，进而提升行业的平均品质。

3. 目前供应链平台的问题

（1）散单发货成本高。

当前的供应商主要分为三类：一类是定制家居或材料商，如尚品宅配；一类是直营连锁装企，如生活家；还有一类是加盟连锁，如家装 e 站。其实都是传统的 B2B（business to business，企业与企业通过互联网进行产品、服务及信息的交换的营销模式）或 F2B（person-to-financial institution，是个人对金融机构的一种模式）模式，也会因为材料错用、需求变动等问题散单发货，供应链成本增加，还容易出现磕碰。

若让经销商当地发货，由于 F2C（factory to customer，从工厂直接到消费者的一种模式）利润极低，没什么经销商愿意配合。比如地板是半成品，还需要安装服务，当地经销商配合意愿不高。

（2）交付能力不行，售后保障跟不上。

S2B核心竞争力是交付能力，若装企只是材料中转商，竞争力很弱，很难取悦渠道商不说，也容易被淘汰，而且落地要一点一点地实现，无法一下把业务拓展到全国。

现阶段的供应链平台的落地能力比较弱，还不如一些当地比较大的传统装企。传统装企在家装行业深耕多年，之所以能够在当地占有一席之地，是因为有一定的积累。

（3）信息系统没打通，对接效率太低。

目前，大部分S2b装企的信息化系统不完善，还谈不上打通，尤其和材料商的信息对接非常慢。订单拆分后，一个订单变成多个订单，连物流跟踪可能都没实现。

（4）和零售渠道的冲突。

随着整装公司采购规模的提升，零售渠道和新兴S2B的冲突会更加激烈。举个例子：某材料品牌大装企一开始和供应链平台合作，销量不错。但线下经销商意见非常大，该装企考虑到销量的对比，无奈暂停了合作。

未来区域化大经销商若愿意开放合作，相信无论是服务能力还是配送效率会得到很大提升，但需要时间。

（5）供应链服务既想做轻又想做大不现实。

供应链服务属于行业基础设施级别的服务，不是一家或者几家企业可以完成的。海底捞是自有供应链公司，它把前端的销售也做了；711便利店也是供应链公司，其依靠密密麻麻的零售网络才实现了供应链的闭环……做供应链，得先会卖货；货卖得多了，到了千亿规模，自然就成为供应链平台了。

现在即使有货的整合能力，价格很低，服务也跟上来了，但没有定价能力也不行。因为一开始没有产能。**供应链服务有三大挑战：产能、物流和一次安装成功率**。目前的生产、流通和安装基本都是断开的，也有各自庞大的利益体系。

整体来看，装企与供应商供应平台之间由于业务的复杂度，还在人工对接，没有完善的系统方案；装企对供应商供应平台的主材需求没有产生很强的黏性，只是把它看作一个选项；供应商供应平台的服务过程还没有完全的体系化、标准化和可视化，而且人工对接管理的成本也挺高；装企和用户体验也没有在供应商平台中在线完成；供应商平台对应的线下展厅成本高，业务不稳定，导致没有线下体验，用户获取困难，即使有线下体验，成本太高。

4. 基于 S2B 的柔性供应链

（1）柔性供应链的实现基于 S2B。

柔性供应链，指供应端的生产能适应个性化需求，小订单起订，能按需定制，且能做到品质统一、成本可控、及时交货。

柔性供应链打破了传统的流水线运作方式，不再是单一动作的简单重复，而是以终端需求牵引各环节动态参与，在同一条生产线上生产出不同规格的产品，从而能够更快、更灵活地满足市场及用户。

目前的问题是从顾客端往上走不动，得从源头去推动，从数据端往前走，即首先要实现产品建模，然后通过调整模型参数实现需求的数字化，才能结合工程设计实现小订单定制。开始订单少，成本降不下来，真正实现大规模柔性生产得有个过程。

（2）家装工业化面临的挑战。

国外家装工业化起步早，设计服务、生产服务相对发达，从设计开始，先有产品模型，再有材料部件生产，标准化程度高，用户自己就能安装，设计、生产和安装环节是一体化的；国内家装材料商开始都是各卖各的材料，所以是先有材料，然后依靠设计组织现有材料，再有产品模型，之后又要往回调整材料生产，补上标准化这一课。

S2B 可能只是过渡性产物，因其不能提供针对顾客端的效率与体验，未来的供应链也许会有其他模式，但出发点一定是顾客。

7.2.3 对供应商也要做口碑管理

供应链升级的最终目的是降本增效，改善体验。有的供应商提供高性价比的材料，且品质稳定可靠，可以和装企实现共赢；有的供应商会带来品质的失控，影响到家装产品的体验。

商业模式就是装企自身和所有利益相关者之间的交易结构，不在意相关者的利益就不是一个良性的、生态型的商业模式。一些没有议价能力的供应商有时候也是弱势群体，他们为了跟装企能达成合作，承担着材料押款的压力，以及返点、回扣等盘剥。因此装企要有底线思维，要与供应商实现共赢，对供应商也要做口碑管理，对不同的利润要有取舍。

装企利润大致分成三种：**红色利润，该挣的钱；灰色利润，没有效率的利率；黑色利润，挣了本该是别人的钱。**

1. 杜绝黑色利润

挣了黑色利润，受损方一定会在你看不到的地方再加倍拿回来。

如房企进行应付款项调配本是合理资金筹划的手段，但一些房企只顾自身利益，将供应商账期不合理地延长，长期占用供方资金。对于供方而言，回款账期被不合理地延长，又会影响自身经营发展。

这类房企，在合作过程中长期进行博弈式采购，采供双方信任度低。因此，一旦房企出现问题，供方便采用"双输"的方式保护自身的权益。其中最有代表性的就是恒大。

（1）压价严重。出于规模的优势和成本管控的需要，恒大往往奉行低价中标。

（2）回款难。恒大应付账款的账期较长，还会采用商票等手段进行支付，不确定性高。

工程业务拓展渠道窄、装企综合实力不足等问题，材料类供应商难以实现工程直销的突破，即使获取了订单，也会面临超长账期。因此，不少装企由于资金运转问题导致拖欠货款甚至破产。不少供方为了保障自身生存，选择与房企对簿公堂，利用法律武器维护权益。

之后材料商会更加谨慎，会对开发商渠道提更多的要求，也会开拓新的渠道如装企渠道，结果就是开发商在大环境不景气的时候材料成本会提升，同时还有打折促销，利润被压缩，经营更加困难。

总的来说，黑色利润本质上是零和博弈，会将合作伙伴变成竞争对手；也是杀鸡取卵，一锤子买卖，看似眼前得利，但日后会受损。

2. 减少灰色利润

暗吃回扣问题，材料商装企渠道负责人与装企采购合作，给其回扣。

如何减少回扣问题？其一，装企文化和管理问题，价值观熏陶＋制度约束＋利益诱导，员工要知道吃回扣的代价，并且装企应给员工有吸引力的待遇；其二，采购模式升级，如第三方平台集采，标准流程和数字化系统能让很多过程透明化，可在一定程度规避回扣问题。

3. 增加红色利润

如果赚干净的钱能让自己过得不错，谁还会游走在灰色和黑色地带。

从价值观、制度和体系上去完善，构建一个良性的环境：目标统一，分工明确，权责利对等，员工的主观能动性才会被激发。

7.2.4 供应链的目标：实现三控

无自主供应链，不能做到"三控"：控货、控店、控心智。这"三控"是今日资本创始人徐新针对新零售提出来的，很有价值。

1. 控货

控货指要有自有品牌、自有设计，可直接触达供应链。

控货的目的就是控品质，生产、配送、施工、安装都要掌控，才能保证家装产品整体的品质——需要装企达到一定的规模，或者行业柔性供应链发展到一定水平才行。

比如截至 2020 年底，爱空间已实现全国自建仓储物流 13 个，完成 JIT 模式（准时生产管理模式）定制生产单数 59118，ODM 联合研发 SKU 总数超 1000 个。

2. 控店

控店指门店直营或加盟直营化管理，做到垂直化、终端化及品牌化。
控店考验的是供应链的适应性和稳定性，不同地区、不同门店、不同需求的材料品类，实现稳定配送。当然，对产品标准化和仓储管理能力要求高，如餐饮连锁和便利店连锁的供应链体系。

3. 控心智

控心智是指做出性价比高、让人满意的产品，让用户从繁杂的装修事务中解脱出来，更多地关注设计、品牌或生活方式的打造，抢占消费者心智。

首先要让用户看得见装企，线上线下展示，形成品牌影响力：一个城市里 20% 的人经常可以看见，才算一个品牌。

其次是高性价比。高性价比的前提是标准化、规模化生产，如国产车近两年爆品一个接着一个，比亚迪、长城、奇瑞、五菱等的性价比远超合资品牌，要颜值有颜值，要配置有配置。家装要做到控心智，目前只可能在高端市场。用户对设计的诉求远大于其对价格的敏感度，大众市场的性价比产品，还需等装配式的成熟和工业互联网的发展。

7.2.5 判断一家装企的供应链优势模型

针对家装行业供应链若干痛点，"知者研究"经过研究和总结，提炼出五种提升供应链效率的关键能力。装企只有具备了这些能力，才能真正实现对传统家装的颠覆。

A. 需求数字化处理能力：对需求端信息的分析处理能力，建立需求分析模型，个性化需求输入，最大程度标准化输出。

前端实现碎片化、个性化输入，后端做到集成化、标准化输出。家装供应链的需求数字化处理能力与此类似，装企将各种订单的需求拆分，集合成标准的大需求，再向厂商下单。

B. 资源有效组织力：厂商、品牌、价格、物流、服务等要素能高效组织，实现可持续的双赢，通过 F2C、标准化规模集采等降低成本，最终建立 C2F 的柔性供应链。

有效组织就是创新吗？创新不一定就是新发明、新突破。经济学家熊彼特认为将原始的生产要素重新排列组合为更有效率的生产方式，这就是创新，并且可能是更重要的创新。

A. 需求数字化处理能力
对需求端信息的分析处理能力，建立需求分析模型，个性化需求输入，最大程度地标准化输出。

B. 资源有效组织力
厂商、品牌、价格、物流、服务等要素能高效组织，实现可持续的双赢，通过F2C、标准化规模集采等降低成本，最终建立C2F的柔性供应链。

E. 信息化力
装企、厂商、工地、服务商及物流配送的信息化协调，信息流交互的效率极高，能快速完成，达成工期标准。

供应链五力模型

C. 区域单量密度力
一定范围内的有效单量密度，实现高效配送，每次配送量饱和，且次数少。

D. 落地服务力
测量、安装和售后，不管是厂家做，还是自己做，亦或与第三方合作，都直接影响着工期和质量。

知者研究供应链"五力"模型

C. 区域单量密度力：一定范围内的有效单量密度，实现高效配送，每次配送量饱和，且次数少。

家装供应链在物流仓储配送阶段的短板尤其明显，F2C确实可以降低家居产品的出厂价，但物流、损耗、仓储、换补货等成本又拉高了最终成本，包括换货、补货导致工地延期、用户体验变差，甚至还有延期赔偿款，尤其是配送地市场每月单量还不大时。所以区域单量密度这个判断维度至关重要。

D. 落地服务力：测量、安装和售后，不管是厂家做，还是自己做，抑或与第三方合作，都直接影响着工期和质量。

E. 信息化力：装企、厂商、工地、服务商及物流配送的信息化协调、信息流交互的效率极高，能快速完成，达成工期标准。

7.3　装企的施工体系亟待革新

装企的施工体系要解决的三大问题如下。

（1）管人：专业工人的组织和协调——没有高效利用工具组织和协调人手。

（2）接料：数百种主辅材料的验收确认——材料交接不严谨，导致连锁问题。

（3）施工：按照标准工艺和流程施工——很多停留在纸面上和宣传上。

7.3.1　施工交付水平停滞不前

1. 产业工人的起步

施工交付水平是家装服务的核心，是一项需要长期努力的基础工作。但是近年来，装企为赚快钱，避重就轻，纷纷将焦点转移到商业模式、营销、信息化、资本、供应链等。所以，以施工工人技术培养、施工工艺研发、施工工具创新和施工现场管理为核心的施工交付体系建设被人为忽视了，因为此项工作投入大，周期长，不能马上带来业务增量。

于是各种交付质量问题屡见报端，只有少数装企守住底线做好交付。可以说，装企成在营销，败在工地。

从 21 世纪初开始，一些优秀装企开始尝试施工环节的改革，如产业工人建设，试图将施工工人升级为现代产业工人，通过集中吃住，统一派工，月薪制，三险一金等现代管理手段，改变对施工环节管理不力的弊端。

2004 年，中国家装行业第一所产业工人培训学校在湖南株洲建成，学校通过设置泥木水电油专业，采用带薪制的方式吸引施工工人入校进行两个月的专业学习和实践，力图使施工工人职业化，施工工艺标准化，进而实现行业产业工人建设的目标，但上述实验因成本过高、管理难度太大而终止。

星艺装饰创始人余静赣用了 20 多年的时间，一直想实现自有产业工人的梦想。爱空间创始人陈炜，曾经从广西山里找了 1000 个农民，专门请到北京进行职业化培训，而最终这 1000 名工人散落到北京各个装企。自有产业工人是行业之痛，也是行业之梦！

2. 产业工人的发展

为什么这么多装企老板呼唤产业工人？因为中国装企工程管理模式多是发包，且有淡旺季。如果养自有工人，装企负担太重，工人收入也不高。产业工人的好处有二：一是专注施工，多劳多得，施工质量相对有保障，因为工人做不好拿到的钱就少，且后续分的活也少；二是灵活就业，工人不用一直耗在装企，装企的负担也小。传统模式中工人靠自律、不稳定，装企负担重的问题会大大缓解，用户满意度也会提升。

当前，施工工人短缺甚至断层现象日益明显，尤其是泥工、油工等工种，人员老化倾向严重，施工技能和标准退化，在施工工艺和施工工具创新几无进展的情况下，将成为行业可持续发展的重要阻碍。只有产业工人足够多，足够好，家装行业的施工交付水平才会有明显提升。

中共中央、国务院早在 2017 年就印发了《新时期产业工人队伍建设改革方案》，明确提出要把产业工人队伍建设纳入国家和地方经济社会发展规划，造就一支有理想守信念、懂技术会创新、敢担当讲奉献的产业工人队伍。该方案围绕加强和构建产业工人技能形成体系、运用互联网促进产业工人队伍建设、创新产业工人发展制度、强化产业工人队伍建设支撑保障等 5 个方面，提出 25 条改革举措。

2021 年底新修订的《中华人民共和国工会法》在总则部分增加了第八条：工会推动产业工人队伍建设改革，提高产业工人队伍整体素质，发挥产业工人骨干作用，维护产业工人合法权益，保障产业工人主人翁地位，造就一支有理想守信念、懂技术会创新、敢担当讲奉献的产业工人队伍。

可以预见，家装行业施工交付水平未来将得到改善，只是还需要等待产业工人群体的成长壮大。

7.3.2 爱空间标准化施工体系

家装是非现场管理，工人又是流动性的手工作业，所以工人的施工水平直接影响交付质量，而对工人的管控一直是行业的难点。爱空间定位标准化家装，力图通过标准化的产品、交付和服务降低用户的不确定性，其标准化施工体系能给从业者一些启示。

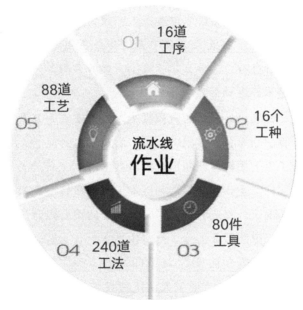

标准化施工体系

1. 签约分工培训，成为直管工人

爱空间把装修施工流程拆分成 16 个标准化工序，对应划分 16 个操作工种，工人与爱空间签约并通过"工匠学院"进行培训，然后成为其"直管工人"。目前直管产业工人超过 6000 人，入职 2 年的占 46%。爱空间工匠学院培训认证人数超过 9000 位，产业工人全国认证，一年一次，北京的工人可以去西安接单。

之所以放弃先前的自有产业工人模式，是因为家装业务量是不稳定的。业务量不饱和时，工人难免对外接私活，装企仍要付出劳务成本。自有产业工人要交工资和五险，装企负担不起。而工人最关心三件事：活不断、给钱快、有尊严。装企没有足够的单量，就不能怪工人在别处干活，所以采用直管模式对双方都有好处。

2. 滴滴式派单，流水线作业

每个直管工人都可以通过手机 app 接活，目前爱空间信息化系统派单总数累计已达百万。

当业务量足够时，工人每天会接到指令，可能未来三天的活都排满了，材料也准备好了，工人只需要通过系统调配到达指定工地，按照"标准化家装施工红宝书"做好自己的工序即可，下一个工序会按时接手后面作业。

流水线的车间主任是爱空间的项目管家，他对整个生产工期、质量、成本负全责。工人每干一道活，他都必须检查，对工人打分，点击了"合格"，工人才能领到工资，验收不通过，工人就无法结算工资，评分过低的工人需要再次培训甚至被淘汰。除了车间主任，还有质检员巡检，到了关键节点他们就到施工现场检查。

3. 施工效率高，劳务成本低

第一，工人进入工地之前，成品保护全部做完；第二，所有的材料先到，永远都是材料到现场等人。材料、信息，系统都是提前确认好，不会因为材料没算准，还得等材料补发。于是，传统水电工可能要六七天干完活，爱空间的工人三天就可以干完活。因为效率越高，成本越低，总体劳务成本可以节约 30%，客户的体验也好。

4. 系统自动结算，工人方便省心

爱空间管家属于工程部，工人属于产业部。管家事先不知道是哪个工人干的活儿，去了工地才知道；工人也是系统上接单，地点在某个小区某个工地，工人觉得工费可以，就去。工人只需要跟管家确认要去哪个工地，干完活管家去工地验收，验收内容包括施工量够不够，质量是否达标，能否交付，无误后点"确认"；对于有增项的，为什么增项，增加多少钱，要明确。

现在爱空间跟工人单项验收结算，系统里点"确认"，管家通过，确认预算，没问题就直接付款，老工人就喜欢这一点。

7.3.3 方林集团独特的施工体系

方林集团（以下简称方林）是一家集装饰装修设计、施工、主材优选、家具售卖于一体的产业链家装公司，拥有方林装饰在内的十五个产业板块，在合肥、武汉、长春、南京、西安等13个城市开设直营分公司。

方林是沈阳乃至东北最大的装企，过去20年，从实行水电一次性承包，到承诺免费终身保修，再到环保不达标双倍赔付，一直在施工交付上发力。值得一提的是，方林的工程不发包，因为有自有产业工人。

曾在方林工作四年的一位朋友告诉笔者：沈阳房产中介卖房子，只要打出方林装修的就能加价1万元。方林属于沈阳的品牌，在家装各个板块都做得很深，都扎下去了。

方林工程交付好，主要原因有三。

1. 安徽老乡为班底的施工队伍

方林老板王水林是安徽安庆人。安庆是中国历史重镇，近代诞生过"桐城派"和"青帮"两大知名组织，使得安庆人骨子里有重文化、重情义的性格。2000年，王水林和很多老乡去了沈阳，10多年后，安庆籍装企几乎垄断沈阳装修行业，外界评价王水林，基本上第一句就是分钱够狠。

家装重度依赖人，一帮人知根知底，劲往一块使，老板愿意分利，员工也就更用心，对公司负责，对用户负责，就比一般重营销、轻交付的装企口碑要好。

2. 方林施工组织结构强而有力

方林的工人都是自有产业工人，公司与工人签订长期劳务合同并缴纳保险，没有第三方，让有技术的匠人获得尊重与认同，让工人有归属感，工人做得好，保证每天有活干儿。

方林有工程中心，下设水路、电路、瓦工、木作和油饰五支专业施工团队，由从业15年以上的优秀工匠带领分工种进行培训、管理、考核。所有签约工程均由工程中心统一调度、指派工人，所有施工材料均由公司统一配置。另外，方林重视场容形象，有专门的巡检考核部门。

方林施工组织结构相对复杂，互相监督，工程管理人员相对较多，好处是交付品质有保证，且杜绝了腐败问题，坏处是施工成本提高了。

总的来说，**方林是用笨办法抓工人端，强培训，强考核，保障交付。**

3. 方林结算体系背后是懂人性

方林财务核算采用"公司拿固定，施工队拿剩余"这种方式。项目经理结算按年度考核，这样保证项目经理队伍的稳定性；一线工人是半月结算一次，保证了工人的积极性。

方林产业工人已经成为其跨客群、多产品矩阵的核心迁移引擎。其他装企很难模仿，需要长时间坚守，不断积累，还得面对市场的不确定性。方林在沈阳击垮了其他中小装企，有了规模优势，也抬高了进入门槛。

从装企的角度看，装修无非是人、组织和交付，再简化来讲就是人和交付。很多装企在产品、组织、管理、运营等效能提升上不断下功夫，但最关键的交付始终没做好，许多环节和节点都不尽如人意。若一向所表达的用户价值不能落地，装企的其他努力难免事倍功半。

7.3.4 如果将丰田的分形迭代用在施工交付上

日本最大的汽车公司丰田（TOYOTA）创立于1933年，是全行业一直保持高利润率的公司，总能用少于别人的销量，实现超于他人的利润。

丰田的"精益生产方式"成为很多企业学习的标杆。在内部，全员积极为公司贡献各种小点子，以消除工作中的浪费，不断为公司降低成本。

1986 年，合理化建议 2648740 条，人均 47 件，员工参加率 95%，采用率达到了 96%。20 世纪 90 年代，年均建议数目约为 200 万个，平均年 35.6 个/人。正因如此，丰田也有了"全员持续改善的丰田"的名号。

丰田的分形迭代很有价值，如果用在家装的施工交付上呢？

可以按以下步骤实施。

1. 用客户倒逼施工质量

丰田是订单拉动，根据用户下单数量组织生产。其实是需求拉动生产，按需生产，避免浪费。

对装企来说，水电、防水、瓦工、油工、竣工等不同节点验收得有用户参与，按照标准一一对应查验，不符合标准，有质量问题能及时、有效反馈。

比如爱空间的客户可以在 app 端看到进程播报，每天 2 次打卡播报，客户不用跑工地；还能实时互动，有专属群组实时沟通，并能一键拨打总经理电话；完工后根据服务满意度打分并写评语，促进服务质量提升。

2. 零延期和零投诉，及时解决问题

丰田以用户需求为基础，生产过程要求零缺陷和零浪费，全员发现问题可以立刻停止生产线。

对照来看，如果施工周期为 45 天，要零延期，零投诉，就要及时处理用户的问题，不能因为没能及时解决，继而引发投诉。零延期意味着施工效率高，零投诉说明问题处理及时。这需要施工工艺、工法、工序、工具、工人等都要标准化，考验施工组织能力、标准化落地服务能力、供应链整合及仓配效率，并深入使用信息化工具。

3. 问题反馈触及对产品、组织、运营和信息化的迭代

丰田全员发现问题后通过八步思考（主题选定，现状把握，目标设定，要因分析，对策拟定，对策实施，效果确认，标准化）找到问题并解决。

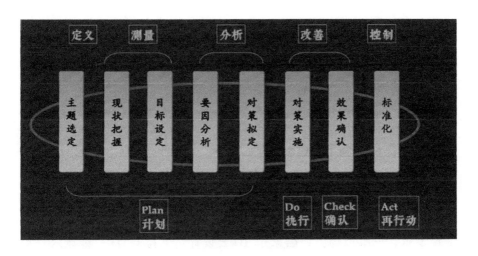

丰田精益改善八步法

家装交付过程中，如果只是单纯解决问题，没有将问题抽丝剥茧找到真正的原因，继而对产品、组织、运营、管理、信息化等不断迭代，只能是新问题不断，老问题反复。

比如施工工期拖延了，为什么延期？因为定制品安装延期了。定制品安装为什么延期？因为下单后对方备货不及时。为什么备货不及时？因为下单晚了。为什么下单晚了？因为材料文员忙晕了，工地太多，顾不过来，以为下了单其实没下。怎么解决？优化 ERP 信息化管理系统。

施工过程中用户的问题引发停工，其实质是**把用户选择前置到工序中，把所有影响施工质量的问题暴露在现场**。通过单个工序的最小颗粒度的隔离，产生微尺度变异创新，创新被吸收迭代。

丰田组织全员改善的本质是全员使命驱动。组织的每一个人一直在寻找更好的方法把自己现在的事情做得更好，减少错误，减少浪费，减至不能减，创新自现。

对装企来说，只有以"给用户装修一个完整的美好家"为使命，并将此理念传达给全员，以此制定绩效和组织再造，才能将这一使命落地。

7.4 装企的信息化怎么破局

7.4.1 交付系统信息化现况

当前市场上针对家装交付各环节，已经有多种信息化工具。

首先是设计出图，将客户需求转化为效果图，目前效果做得较好的是酷家乐、三维家等。如酷家乐 3D 云设计，支持 CAD 一键导入户型图，且已经积累了百万级的户型图，部分设计师可以用酷家乐软件直接搜相同小区的户型图，然后可拖拽沙发、桌椅、门窗、灯具等建材模型进行户型空间和功能设计，再通过其自主研发的 ExaCloud 渲染技术，极速渲染出高清效果图，最后一键生成 3D 全景图。点石、业之峰等已运用该软件。

其次是拆单算量，测算实现效果图需要哪些主材料和辅材料，需要多少，甚至可以具体到品牌、材质、花色，最后形成材料清单，统一报价，材料供应商、用户和施工方一目了然。如打扮家基于 UE4 开发的家装 BIM 系统，实现施工图、算量报价智能联动，一处修改，处处修改；且能一键智能布线，自动生成水电路，智能配备管配件；装企可设置施工项、工艺规则、计算规则、损耗规则等。爱空间、住范儿、领航装饰等已运用其系统。

再次是材料对接和施工管理，即装企 ERP 系统。目前相对较好的是智装和云立方，但此类 ERP 本身是基于成熟行业大型装企开发的，其业务架构相对稳定，后台的用户界面是偏复杂、不友好的。对体量普遍偏小、业务弹性较大的装企来说，这类软件用起来可能会降低效率。头部装企一般会结合自身实际进行二次开发，如圣都是在智装天下的基础 ERP 进行二次开发的。

家装行业信息化最大的问题是各环节之间没有打通。酷家乐工具帮助设计师提高了签单效率，但其户型和材料建模积累还不够，很多时候还要设计师上门量房，自己画图，而且效果图和施工图、材料拆单未能一键打

通，就出现有的装企量房用美家或科创，云设计用酷家乐，定制品设计用
三维家，BIM 用打扮家，ERP 用智装的情况。

家装行业这类信息化工具本身不太成熟，还在迭代，同其他软件对接
就更难了。装企本想通过信息化降本增效，结果反而增加了运营成本。

7.4.2 前端对接：设计图到施工图、材料清单的一键转化

家装行业这么多年很多痛点一直得不到解决，是因为销售端、设计端
和制造端的语言不匹配，语言错位造成销售夸大其词，设计不能落地，导
致用户满意度低。

前端信息化改造升级的核心就是设计图到施工图、材料清单的一键转
化，基础是 BIM 技术的广泛应用。

2002 年，BIM 建筑信息模型（building information model）技术出
现，随后开始在建筑设计行业推广。该技术可实现从建筑的设计、建造、
运营直至终结的全生命周期中，各方人员所需信息整合在一个三维模型信
息数据库里，有效提升协同效率，降低成本，并实现可持续发展。

目前国内应用 BIM 改造升级家装信息化水平基本都是反流程工作，
即要拿家装施工图来做房屋结构图。因为国内 BIM 技术应用较晚，房子
已经建好了，房屋信息却不全，而且由于过去房地产的开发管理相对粗
放，很多建筑未必按图施工，房屋实际情况跟施工图有出入，加上住宅户
型千差万别，要建立庞大 BIM 数据库，除了去楼盘量房外，还可以根据
装企积累的装修施工图去提取房屋结构信息。

当 BIM 数据积累到足够的量，能够覆盖中国各地楼盘和不同户型、
不同面积的房屋时，就可以形成一个基础数据库，开放给设计软件开发
商、装企、设计师和建材供应商等使用，相关方的语言匹配的问题就解
决了。

语言匹配的问题解决后，软件开发商开发出更好的设计工具，并跟建
材商合作丰富建材数字模型，不同规模的装企和设计师就可以针对不同的
户型提前设计不同风格的产品方案。用户到店可以进行菜单式选择，房屋
数据经验证修正后，就能实现设计图到施工图、材料清单的一键转化，将
极大提升装企运营效率及用户满意度。

爱空间魔盒系统刚推出时，标准化硬装套餐实现一键转化相对容易，但有限的选择降低了用户的体验，如今用户的个性化需求涉及更多的SKU，算量和拆单需要对众多材料建模，对装企的信息化要求更高，要想实现个性化整装产品的一键转化，得有一个积累的过程。

7.4.3　后端落地：工人、材料和工地管理的信息化

家装的核心在交付，痛点集中体现在各环节的衔接和对人、材的协调上。信息化工具能帮助装企更好地协调工人、材料和施工进度。

如果只是协调工人，还是相对容易实现的。最简单的方式如建微信群，就可以建立一个临时项目小组，有问题第一时间在群里反馈。也可以通过 SaaS 工具对多个工地进行不同工种的管理，比如，爱空间工人通过"熊师傅"app，可以完成上班打卡、抢单接活、任务查看、工作播报、工资结算等行为，爱空间的"爱聊儿"app 保障各部门之间顺畅沟通。

真正的难点是材料供应的信息化，要保证成百上千的 SKU 不出错，还要跟工人、工地、施工进度匹配，按时按量配送到工地，施工过程中出了问题，能尽快协调补货，系统需要和人充分磨合，才能找到最佳冗余度。

后端的信息化更依赖行业基础设施的打通，单个装企如爱空间的信息化改造需要数亿元的投入和多年的磨合，仍在完善中，对于多数装企来说是不现实的。

7.5　交付验收体系严把质量关

7.5.1　交付验收的重要性

一般工业产品必须经过质检，符合一定标准才能出厂，但当前家装的检查和品控很多都流于形式。

主要原因有三：

（1）用户不懂，交付验收时装企相关人员可能遗漏或掩盖问题；

（2）装企验收标准差异大，或缺乏有效监督，验收时不按既定标准；

（3）责任不清晰，即便装企人员发现问题，工作人员会互相推诿。

对于用户来说，交付是对前端承诺的验证。如果出现明显的质量问题和与当初装企承诺不一致的地方，用户对装企的信任度就会大打折扣。用户之前期望越高，当下失望便越大，体验就会很差。此时，如果装企态度好，愿意负责整改，还有挽回的余地，否则用户可能自认倒霉，也可能传播负面信息以发泄不满，口碑和转介绍就更谈不上了。

7.5.2 多层受理机制，规避用户不良体验

1. 施工交付的体验到底差在哪里

施工交付过程中，尽可能规避明显影响用户体验的问题，主要有以下五点。

（1）施工质量。

材料：虚假宣传问题，主要是实际使用的材料品牌和档次与宣传或样品不符。

工艺：用户对每个工艺步骤了解有限，通常在交付或入住后发现装修质量问题，比如墙面开裂、水电管网布局不合理、防水不到位、功能区预留空间不足等。

（2）交付周期。

按期保质保量完工，体现装企的管控能力。非不可抗力不能按期完工，用户就会怀疑装企的能力。一旦用户产生怀疑，就会变得挑剔，一些小问题就会放大。

（3）现场卫生。

混乱的现场会让用户觉得施工人员不专业、不靠谱，进而对施工人员不放心。

（4）进度汇报。

通过图片、视频、直播等形式，用户能跟踪施工进度，有掌控感。如果有问题也能及时反馈，做出调整。

（5）问题整改。

如果发现问题，装企处理问题的态度和能力会直接影响用户的体验。另外，增项问题也是家装行业的"顽疾"，通过增项提升客单价，有"绑架"用户的嫌疑，故除非用户自己提出，否则开工后应尽量避免增项。

2. 建立多阶段多层次的交付验收体系

鉴于硬装施工很多环节不可逆，所以在施工过程中，要加强质量监管，可分段验收，多层次验收，及时处理。若发现问题，能第一时间定位责任人，快速处理，不要等用户不满意了再处理问题。

（1）工人自查：材料对不对，够不够，施工结果是否符合验收标准。装企应该有统一的验收标准和自查手册。

（2）项目经理检查：要与项目经理提成挂钩，若出现问题，项目经理要负连带责任，从而督促项目经理对交付结果负责。

（3）监理巡查：自有监理或引入第三方监理，尽可能根据既定标准客观检查，监理同样应负连带责任。

（4）项目总监抽查：品控很重要，高层发现问题应考虑从体系上修正。

以上各层级发现问题都应第一时间反馈到特定群组，找到责任负责人，调集资源立即整改，后续再做相应考评。若能杜绝明显影响用户体验的问题发生，用户的体验不至于有太大落差，出现问题也相对容易弥补。

8

售后服务，从验证到推荐

8.1 "灰犀牛"与"损失厌恶"

"灰犀牛"是美国一位学者在《灰犀牛：如何应对大概率危机》一书中提出的概念。灰犀牛事件，指的是经常被提示却没有得到充分重视的大概率会发生且影响巨大的潜在危机。

为何叫灰犀牛？灰犀牛是陆地上仅次于大象的庞然大物，体重两三吨，平时体肥笨拙，人畜无害，但一旦把它惹急了，它会以最快 50 千米的时速冲撞过来，后果可想而知。

此类事件有三个特点：一是可预见性，它不是随机突发的，而是出现在人们习以为常、不加防范的一系列小事件之后；二是发生概率高，小问题不加处置，迟早会发展成大问题；三是破坏力强，一旦发生，通常会造成不可挽回的后果。

在生活中，灰犀牛现象普遍存在。比如，人人都知道吸烟有害健康，仍有许多人每年因吸烟导致肺癌而死亡；又如，没有红绿灯的交通路口，出事前没人管，出事了才装上红绿灯；再如，有的人不顾安全隐患，将电瓶车带到家里充电，因为引发的安全事故没发生在自己身上。

人们总是抱有侥幸心理，面对持续出现的预警，视而不见，直到悲剧发生。

在家装行业也是如此，倒闭的装企中，大多不是因为小概率的"黑天鹅"事件而被淘汰，而是很多常见问题不解决：如低价营销，恶意增项；过度营销，给设计师、销售人员过高提成；组织建设差，管理混乱，人效低；坑害用户，只做一锤子买卖等。这些问题，装企每个人都心知肚明，开会也常谈如何解决，但就是没有行动。

那么，人们为什么迟迟不愿采取行动？非要等到产生严重后果时才改变？

根源还是在人性。人的本性是趋利避害的，寻找安全感和确定性。人的安全感不同，对不确定性的接受度也不同。缺乏安全感，就希望事情是确定的，能掌控的，对损失的厌恶程度高。在事情没有发生的时候，不愿意投入时间和精力去解决问题，因为解决问题不会带来直接利益，人们会觉得损失远大于收益，故任由风险积累，直到最坏的事情发生。只有装企有足够的安全感，看问题才会相对理性和长远，对不确定性接受度就高。因为人生本就无常，于是接受这个真相，在事情发生之前，会减少情绪的左右，仔细权衡利弊，愿意承担一定的风险，做出更有利的决策，在避免较大损失的同时，从机会中获取更大的利益。

所以，应对"灰犀牛事件"，其实就是克服人性弱点，理智做出决策的过程。首先是面对它，不应仓促做出决策或者逃避不做决策；其次是未雨绸缪，发现危机中的机会，权衡利弊；最后一定要行动，分清轻重缓急，有的放矢。

8.2 装企售后体系的现状

8.2.1 装企对待用户投诉的五种类型

根据全国消协组织受理投诉情况统计，2021 年全国消费者协会组织共受理消费者投诉 1044861 件，同比增长 6.37%，解决 836072 件，投诉解决率 80.02%。其中，房屋装修及物业服务类投诉比重 2.09%，较上年增加 0.48%。

对待用户投诉，装企的处理方式大致有五类。

第一类：恶意坑害装修用户。 家装行业出现的劣质产能，低价营销、恶意增项的问题，有法务部门专门跟投诉的用户沟通。注意法务部门不是解决问题的，他们不惜与用户打官司。

第二类：不重视用户价值和投诉的。 从法律上讲，这也挑不出毛病，就是装企觉得服务好了，意义不大，毕竟装企与用户是单次博弈，最大程度赚取利润。把服务看作成本。曾有装企针对用户的投诉要求提前预约，否则恕不接待。

第三类：坚持用户价值，重视投诉，但解决问题能力弱，也可能拖成差评。这类装企一般规模较大，每月开工量大，以面向刚需类装修客户为主，遇到售后较多，因流程不畅、售后部门权重低、解决问题拖沓等也会影响用户的口碑。

第四类：是以客户为中心，坚持零差评。这类装企售后部门权重高，甚至老板亲自抓，可协调装企一切部门和资源，能第一时间解决用户投诉的问题，并形成问题梳理反馈机制，从根本上优化或解决问题。

比如圣都装饰，创始人亲自抓售后，用户可直接向创始人投诉。2021年圣都装饰第一季度产生了299起投诉，到4月99%完结，投诉最多的是工程和材料，分别有158起和113起。2020年第四季度投诉最多的是增项，圣都装饰通过加强设计师等环节的考核，在一个季度内基本解决了这个问题。

第五类：总部直营公司重视投诉，分公司次之，加盟公司做的差。很多头部装企因为历史原因除了有直营公司也有加盟公司，有的平台是以品牌输出为主，全是加盟。装企但凡有加盟，总部对加盟商的掌控都很有限，总部制定的标准往往停留在纸面上，或者停留在创始人的认知里，而且标准不成熟，也不稳定。总部想抢市场，加盟商想挣钱，标准不能落地，服务就成了单次博弈。售后涉及成本投入的，装企就跟用户扯皮。若总部放任不管，基本就回到上述第二种类型了。

这时就会出现施工质量差、用户投诉多的问题，碰到厉害的角色，甚至是以此敲一笔钱的客户，找各大社交媒体曝光，严重影响了公司商号（或品牌名称），总部会找用户谈判。最终会出现两种走向：一是公司赔钱，息事宁人，签订赔偿协议，用户删掉差评等负面信息；二是用户嫌钱少，谈不拢，或者赔的也不少，用户就是不签，继续曝光和投诉。

话说回来，总部承诺给加盟商的没有兑现，加盟商为赚钱，施工管控等没做好，这是因；出了问题，碰到恶意敲诈的客户，这是果。

8.2.2　被诟病的装企售后体系

家装交付周期长、流程复杂，非标准化作业、监管困难等因素导致交付品质具有较大不确定性，即便验收通过，用户入住后一些隐蔽问题难免暴露出来。这时，用户会找到装企，希望能保障售后，让其住得安心。

但现实是，很多装企的售后形同虚设，没有意愿和能力帮助用户解决入住后的问题。因为在很多装企内部，客服人员根本不受重视，主要原因有二。

客服部门不能给装企带来直接收益。很多装企规模不大，售后问题处理会占用其有限的人力和资源，降低经营效率，尤其是单量较多时，会优先处理新开工地的事务。

客服部门还会产生赔付费用，压缩利润空间。家装是超低频消费，外部监管也不严格，推责短期内利大于弊，用户维权成本高，很多时候是自认倒霉。

装企对客服客诉工作的忽视，直接导致售后两大问题。

一是用户投诉无门，装企客服电话打不通，即使打通了，也找不到解决问题的人，要么当初的项目经理离职了，要么负责的工人联系不上，售后流程不通畅，体系混乱。

二是虽然找到了人，但责任不好界定。因为施工是外包的，材料是不同渠道采购的，到底是施工的问题，还是材料的问题，或是沟通的问题，很难说清楚，涉及维修和赔偿费用，各方会相互扯皮推诿，谁也不愿意承担这部分费用。最终用户的问题可能还是得不到解决，个别情况下用户和装企会打官司，更多时候是不了了之。长此以往的结果就是家装行业没品牌，口碑差，获客难。

8.3 装企售后体系如何建立

8.3.1 客服客诉的价值是什么

用户购买产品和服务是为了解决某个问题，但在产品和服务交付后碰到了障碍，影响了产品和服务的价值实现，所以需要客服人员帮助用户解决这些问题，保证产品价值承诺得以兑现。解决问题的过程实际是建立信任的过程。

如果问题得不到好的解决，装企需要对客户进行补偿或赔付，以免关系恶化。同时，客诉渠道收集用户反馈，能快速定位问题，作为改善产品和服务的着力点，通过持续的产品迭代，满足用户不断变化的需求，使得装企保持活力。

在供给过剩的时代，不应再采用卖方市场的"生产主导、教育用户"的模式，而应尊重用户、合作开发。装企更应重视售后部门，从中挖掘用户真正需求，针对性地开发产品，快速响应市场，获取竞争优势。

所以，客服客诉是跟用户沟通的重要窗口，也是收集信息最便捷的渠道，更是装企提升竞争力的重要抓手。"有问题，找客服"应是每家装企对用户的郑重承诺。

为稳定和释放内需，构建双循环格局，国家在 2022 年 4 月文件《国务院办公厅关于进一步释放消费潜力促进消费持续恢复的意见》中指出：全面加强消费者权益保护；持续优化完善全国 12315 平台；进一步畅通消费者投诉举报渠道；探索建立消费者集体诉讼制度；全面推行消费争议先行赔付。可见，外部监管将逐步加强，过去装企售后不负责的方式造成的代价会更大。

而且，当前装企新用户获客成本很高，通过改善客服体系维系老用户，一方面保证交付品质，有利于重建用户信任，积累良好口碑，通过口碑获客降低经营成本；另一方面为日后拓展服务，在细分领域深耕，打下牢固的用户基础。

8.3.2　把售后部门作为装企的重点工程

越是低频，越是高客单，越是非标，就越需要强大的售后保障，这也是品牌装企和非品牌装企的最大区别。如果只是**前端忽悠，后端应付**，这类装企的生存能力可能还不如做口碑的游击队，因为后者组织更灵活，运营成本更低。

对有志于成为区域有影响力的装企来说，改善售后已经成为改善经营状况的重中之重，必须作为装企的一把手工程来抓，可从以下三个方面着手。

1. 口碑运营：以 NPS 为考核指标

改变过去从上到下只重营销而忽视售后、不择手段签单的情况，并对售后设定具体的操作标准。如售后反馈问题全员可见，并成立专门小组研究和解决问题，售后体系做到 24 小时在线，第一时间响应，3 天上门处理，以 NPS 为考核指标。

如果口碑做不好，营销成本将越来越高。

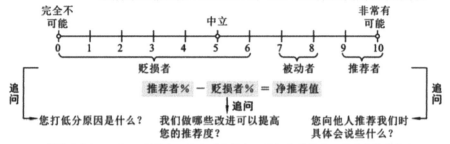

NPS 怎么计算出来的？

NPS 能直观反映装企的用户口碑，它对整个组织的服务做评判，如果 NPS 小于 30％，就要对产品和服务进行优化和提升。

（1）先找出问题：NPS 要结合用户反馈和多方调查等分析，找出具体问题。

（2）优化产品：产品应符合用户的期望，并控制毛利率在 30％ 以内。定价太高，性价比低，用户对产品不满意；定价太低，装企没钱赚，不可持续。

（3）优化用户体验：站在用户的角度去考虑问题，要知道为什么做这件事，且服务要达到一定标准。

　　7-11 便利店创始人铃木的经营哲学是彻底站在顾客的立场上来想问题和做事情。比如，加盟店日常运营的电费，有八成是由总部承担的。这是为什么呢？因为晚上顾客少，加盟店为了省电会少开灯，这虽然看起来没问题，但如果店里面灯光很暗，顾客很可能就不会放心走进去了，所以省电的行为对顾客忠诚度是不利的，对于业绩也会有负面的影响。

再比如，盒饭这类商品，如果没卖完，造成了亏损，总部也会承担15%。因为如果担心盒饭卖不完，加盟店进货的时候就会少进盒饭，这样就会有缺货的可能。从顾客的立场来看，想买的东西买不到，就会产生不好的印象。如果这种情况一直发生，就会损失顾客支持度和竞争优势。所以尽量避免缺货比任何事情都重要。坚持站在用户的立场考虑问题，是7-11持续发展的秘诀之一。

（4）过程中动态管理：从用户一接触产品就开始统计NPS，过程中不断监测数据的变化，出现问题就要尽快给出相应的解决方案。比如按交底、瓦工、竣工三个节点调查，可以明确出售前、施工、材料安装三个阶段的NPS；又如用户因为售前的夸大销售而退订，并在网上发帖吐槽，那么当事分公司（门店）、当事人就要承担相应责任，并进行说明。

（5）建立工地管理评价体系：如Uber司机的补贴直接和评价挂钩，如果评价低于4.7，司机一周就拿不到补贴，连续低于这个评分，平台就不给分单了。装企也应建立包含工地、工长、评分、收入等在内的一体化信息系统，综合监理打分、工长自评、用户评价构成项目最终得分，与工费挂钩，回单也可加入打分指标中。

（6）专门部门运营：满意只是口碑推荐的基础，但并不代表用户就会口碑推荐，还得有专门部门运营。

（7）与绩效挂钩：NPS和影响这一数值变化的所有岗位的绩效考核挂钩，对不达标的人员应加强培训、提供支持。

最后一旦出现负面口碑，若是项目人员为一己私利故意为之，如没刷防水、偷工减料等，那就要严惩。

2. 售后专员：专人负责，充分授权

用户遇到问题找装企，首先装企要有专人接待，工作人员通过沟通，快速定位问题类型，然后协调资源找到解决问题的人，给用户肯定的答

案。这个职位便是"售后专员"。

第一，售后专员需要有装修行业经验，能区分是工程问题还是材料问题，且有处理客诉的丰富经验，才能把问题沟通清楚。

第二，售后专员能快速和工程部或者材料部相关负责人对接，由后者成立临时小组，派出专人全权负责问题处理，售后专员将相关信息回复用户。

第三，待问题处理后，售后专员对用户做回访，并记录问题和问题处理负责人，作为业绩考评依据。

上述三个环节，重点在第二步，有以下几个关键点。

（1）梳理内部流程，保证对接畅通无阻。

要分类整理家装常见问题，什么问题该什么部门解决提前梳理清楚，售后专员就能按照标准将用户问题反馈给相关部门。相关部门第一时间承担责任并进行评判，不同的问题设定不同的权重和优先级，安排专人在指定时间进行处理。售后专员应做到小事能处理，大事不瞒报，让问题有效解决。

（2）制度标准公开，权力要下放到一线。

售后制度和标准应做到公开透明，让用户和员工都知道标准规范，反馈的问题就摆在那里，若不处理，大家都看得到，每个人都成为监督者。同时，一线处理问题的人员应有权限调用材料或资金，当然也要做好记录。

> 海底捞创始人张勇说：有人曾经问我，海底捞的服务员都有权打折免单，成本怎么控制？我不知道成本怎么控制，但是我觉得在一个组织里，每个层级、每一个人都应该有相应权力。我觉得打折免单这个权力就应该由服务员来控制，因为只有服务员才知道是不是把油撒客人身上了，或者菜是不是咸了，服务员有权力根据这些判断是否打折或免单，至于他是否会因为贪心给朋友打折给公司造成损失，这些可以事后评估。

（3）避免客户冲突，从根源上解决问题。

家装售后出了问题，客户难免向售后专员或一线人员抱怨，在客户不违背法律的前提下，服务行业应坚持客户无错原则，尽可能避免跟客户发生冲突。如果出现冲突，应尽力找出问题的根源，才能更好解决问题。

万科有一条铁律叫"客户无错"，很多基层员工不同意，说每天都会发生冲突，凭什么说客户不会错呢？万科集团合伙人、万物云 CEO 朱保全说：保安和业主发生冲突多数发生在什么时候？晚上 10 点半之后。为什么会发生冲突？因为这时候业主喝多了。被打的保安多数是什么情况？入职不到三个月。业主通常不会上午 10 点半喝多，都是晚上 10 点半喝多，那以后不在 10 点半之后安排入职不到三个月的人值班，很容易就解决了这个问题。

3. 问题处理基金：不推诿，快速申领、快速解决问题

家装过程中很难全程监理，加上数字化程度低，各环节因对接马虎出现的问题就很难界定责任人，多工种之间、材料商、设计师等就可能相互推责，但这是装企内部的事情，用户还在等着。**现在，永远是解决问题的最好时间**。不要让问题发酵，拖得越久，装企隐性损失会越大，包括金钱损失、文化损失、品牌损失等。

负责任的装企应先解决用户的问题，之后再着手处理内部问题。既然是维修和赔付费用的问题，装企可成立一个问题处理基金，材料费、施工费、赔偿费等所有费用从中先支取。

至于基金的资金来源，可根据过去经验从总营收中按一定比例分配，问题责任人的罚金也可补充进来。

8.3.3 危机处理：售后部门才是装企最大的品牌部

1. 用户的负面评价怎么处理

很多时候，用户反映问题后，装企没有及时处理，或者拖拖拉拉，用户会觉得装企不重视，最后激化矛盾，用户通过社交渠道发负面信息抱怨。

那么装企面对这种情况该怎么处理？

第一步，确认与评估危机。一旦确认了危机，危机公关处理小组必须

在最短的时间内对危机事件的发展趋势、对可能给装企带来的影响和后果、对装企能够采取的应对措施以及对危机事件的处理方针、对人员及资源保障等重大事情作出初步的评估和决策。

第二步，危机诊断。危机诊断是装企根据危机的调查和评估，进而探寻危机发生的具体诱因的过程。在危急时刻，可调配的资源十分有限，装企需要通过危机诊断判断危机产生的根源。对不同程度的危机采取不同的处理方式，危机的诊断需要结合专业的舆情监测系统进行分析，弄清病因，然后对症下药。

第三步，确认危机公关处理方案。方案的选定过程，以头脑风暴和决策树法较佳，因为这种逻辑判断法考虑了每一行动方案及其后果。值得注意的是，即便在紧急情况下，前述的评估、诊断、方案选定等过程也不应该省略，但时间可以尽量缩短。

第四步，组织集中力量，落实处理方案。在危机公关处理的过程中，装企如果能够遵循危机公关处理的一般原则，按照危机公关处理的方针措施步步为营，那么不仅可使危机得到解决，甚至可以把危机看成一次发展的契机。

以上讲的是危机处理的基本流程，还有更为简单的道歉信清单可参考。

第一条，道歉；第二条，说明道歉理由；第三条，交代事件原因；第四条，提出解决方案；第五条，邀请公众监督；第六条，再次诚恳道歉。

照这个格式写一封有诚意的道歉信。至于合作伙伴和用户是否接受，要看危机的程度和装企的品牌沉淀。原则上，装修用户口头上的吐槽、谩骂，甚至无理取闹和威胁等负面情绪宣泄是可以接受的，只要不涉及过多的经济利益，都可以做出退让。

其实，当装企觉得业主太麻烦甚至是没事找事时，逆向思考这个问题又是一番情景。**要把挑刺的用户当成一次完善产品的机会，用户越挑剔越好，如果连极其难说话的用户装企都能让他们满意，再服务普通用户就会容易很多。**

8.3.4　预防问题比处理问题更重要

对于营收规模上亿的装企而言，预防问题比处理问题更加有意义。因为预防问题意味着装企自身的品控能力足够强。三级问题预防措施，可以有效地管理和规避装修过程中的问题。

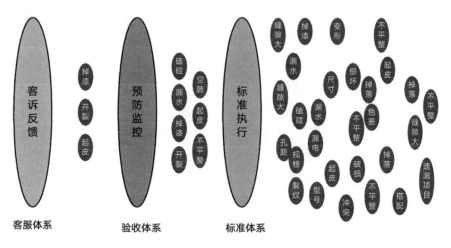

问题预防的三层机制

第一层：标准体系，规避七成问题。 通过对装修过程的设计体系、施工体系进行标准化的制定和培训，业务端在实际操作中按照标准执行，避免出现相同的问题。在这里笔者建议，将施工的各个环节整理成一个作业备忘录，以卡片的方式记录，让每个工种的工作人员都能牢牢记住自己的作业环节经常有哪些施工问题项，也方便自行检查。

第二层：验收体系，拦截两成问题。 在施工环节的前后衔接中，后续工种一定要先确认再施工，不能想当然认为没问题，避免前面施工不到位导致后面所有作业出现问题。要形成项目经理自检、项目监理巡检的机制，授予项目监理充分的权限，项目监理敢于发现问题，并且在施工过程中尽快进行解决，不要让问题遗留到下个环节。

第三层：客服体系，处理一成问题。 客服人员在施工过程的关键节点进行回访，主动询问装修进度和装修结果情况，对用户提出的问题及时响应，快速给出处理方案，最大化降低用户的负面情绪。

8.3.5　圣都家装的售后体系

截至 2021 年底，圣都家装已经进入全国 31 个城市开设了 110 余家门店。此外，圣都家装已有万名认证工人、2500 余名自有资深设计师，还拥有独立的线上运营管理系统。

贝壳集团副总裁、圣都家装创始人颜伟阳说："我们的行业目前是个信任缺失的行业，行业的满意度很低，获客成本很高，需要花费大量的时间、人力去取得客户信任，因此导致效率偏低，规模难以扩大。追本溯源，我们所要做的，就是建立信任。"

圣都家装如何建立信任？创始人亲自抓售后，给用户可靠的售后保障。2019 年底，推出了"圣都老颜直达号"，告诉用户："我是圣都家装董事长，有事直接找我。"从 2021 年 4 月开始，圣都家装颜伟阳通过"我承诺，我做到，我公开"直播，定期公开客诉情况，并连线用户直面客诉，聆听用户真实心声，围绕其诉求改善服务。

最近一次直播是 2022 年 3 月，直播中颜伟阳对圣都家装 2022 年 1—2 月客诉数据及"十怕十诺"履约赔付情况进行公示，并讲解了新发布的红黄线制度。

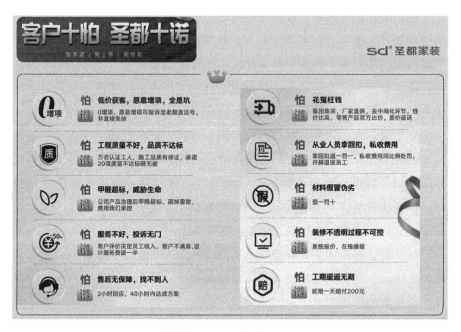

"客户十怕"和"圣都十诺"

装修口碑怎么来：重塑用户体验场景

客诉方面，2022 年 1—2 月，客诉 207 起，占比 0.93％，环比下降 32.1％；1—2 月投诉完结率为 85.02％，存在 42 起客户意见未完结（含遗留）；客户竣工满意度 89.38％（竣工满意数：2567 起），同比上升 13.06％。

2019 年，为最大程度保障客户权益，圣都家装针对客户十大痛点公开推出"十怕十诺"。2022 年 1—7 月"十怕十诺"累计履约单量 779 笔，累计履约金额 395 万元。

新发布的红黄线制度就是"职业道德规范＋合规管理＋违规治理"，用更明确的条例、规则规范行为，从而形成对违规行为说"不"的良好生态。其中分两类明确界定违规行为。第一类是针对员工的"私飞单"、抢单揽单、泄露信息、弄虚作假、收受贿赂、私下收费、拖欠工资、主材代购等违规行为；第二类是指向消费者的不当承诺、恶意增项、风险方案、虚假宣传、与客争执、违禁施工、偷工减料、收受礼品等违规行为。

贝壳全资收购圣都家装，一个重要原因就是价值观一致，包括圣都家装对待用户的态度，变革家装行业的努力，以及家装行业重塑口碑后的市场机遇。

9

整装的发展与家装行业的未来

9.1　整装的发展与演化

9.1.1　从半包到整装的被动与主动

很多人对套餐家装的感知更多来自 2015 年的互联网家装浪潮，后来我们称之为标准化家装，代表装企有爱空间、有住、积木家、金螳螂家、靓家居等。

在此之前，套餐包已经有了。实创装饰的 28800 元套餐包广为人知，靓家居 2008 年推出 388 元/m² 的套餐模式，峰光无限 2009 年在西安最早宣传 298 元套餐包等。生活家从 2012 年到 2014 年的扩张没什么阻力，产品就是 588 元、688 元全包套餐（半包＋材料），其对市场主流的半包是降维打击，收割了一波红利。

但那时的套餐包有三个问题：一是有不少增项，甚至低价套餐是用来引流的，后面都有增项；二是内控不到位，管理、供应链等都有问题；三是产品过于超前，材料受制于经销商。所以，装企宣传的是套餐包，其实市场仍以半包为主。

那为什么半包做得好好的还要推套餐？

那时半包增项太严重，客户找上门讨要说法，尤其是当装企产值做到一两亿元时，增项问题引发的客户纠纷多了，会影响正常运营，基本就到了崩溃的边缘了，不抓交付，不抓口碑，装企就要玩完。

此时，一些装企就想按平方米计价，以约束施工增项。另外设计师推荐材料拿回扣太严重，而且材料太贵或太差，问题比比皆是，于是才有了施工＋主材的套餐包。

2015 年的互联网家装浪潮之标准化家装（当时是不成熟的套餐包）的崛起，是对行业问题的一次集中回应，虽然在一定程度上解决了设计师拿材料回扣和增项的问题，但过于简单的标准化反而牺牲了用户的选择权，也为后面的问题埋下了伏笔。

一位区域头部装企老板曾说：**以前干半包，现在不行了才转型全包，甚至整装，所谓潮流都是被逼的。该做套餐时做套餐，顺势而为。把人做好，把活儿干好，把钱分好。**

我们可以看到家装的产品迭代一开始的出发点不是对需求端的响应，更多是因为供给端再不变就要崩盘，这是装企的无奈之举。当然这是符合用户需求的，相对能省心，省事，也可能省钱。

9.1.2　整装发展的四个阶段

"知者研究"认为，整装的发展有四个阶段。

第一阶段：标准化硬装基本跑通。从 2015 年开始的互联网家装带动的硬装的标准化到 2019 年基本跑通，主要是前端产品设计、场景体验和销售转化跑通了，也有了规模复制的基础，但后端交付大多是非标的施工发包模式。

第二阶段：硬装＋家具或硬装＋定制，再半买半送家具，主要面向刚需市场。这一阶段的零售主要是主材的升级、个性化设计的选配，以及个别单品的零售。家具软装的零售坪效太低，还不成熟。欧派整装大家居已经在研究定制和硬装的一体化设计，即围绕定制产品做天地墙的一体化设计，统一颜色风格，想抓住这波红利。

此阶段，整装的组货逻辑更为明显，即便是硬装已经做得比较好的头部装企，在软装的产品个性化上也难满足用户需求。同时供应链常见的货不对版，送货时效、货损还没解决；再到后面的施工不标准，最后交付延期，退换麻烦，交付结果不及设计效果等问题容易集中爆发。

由于产品不够好，运营效率不高，交付难度大，尤其牵扯定制和软装配饰等，一环扣一环，处处是问题。解决了一个问题，还有多个问题存在，还可能有其他问题反复出现。

第三阶段：硬装＋定制＋新零售＜个性化整装设计 80% 落地，3～

5年后相对成熟。如果贝壳新家居跑通了，那么贝壳新家装作为整装入口，会有很大的想象空间。

第四阶段：硬装＋定制＋新零售＝个性化整装设计 100％**落地。** 这是一种理想模型，前提是有规模和体量，营收应该在 1000 亿以上。

在第四阶段，装修用户对整装公司（平台）的认知度会大于各大材料部品牌和家具厂商品牌，需求端对上游生产端实现反向定制，同时，也就从根本上改变了装修行业由单次博弈到多次博弈的底层问题。

9.1.3　现在的整装大都是产品销售逻辑

目前，整装发展处于第二阶段，不是产品，只是产品逻辑，而且主要是产品组装和产品销售逻辑。

不同区域、不同装企对整装的认知差异很大：有的装企将按平方米报价的硬装套餐叫整装，有的装企将硬装＋定制叫整装，有的装企将硬装＋定制＋零售称为整装，还有的装企将半包＋主材＋家具＋灯饰窗帘＋部分家电称为整装。

相对来说，上海家装市场的整装化程度在国内最高，但也是产品销售逻辑为主导。其他市场的"半拉子整装"更不必说了。

以产品销售逻辑为主导的整装，不是从用户需求角度出发的，而是因为获客成本持续走高，以及到店（上门）、转订单或直接转合同的转化率在下降而被迫提高客单价，这也是提升产值最直接的方法。

其实，真正的整装是满足用户装修完整、美好家需求的供给端的重大变革，以实现用户拎包入住的整体解决方案及交付，包含硬装、定制、家具、软装、灯饰、部分电器等。而由于家具、软装等审美选择太过个性化，供给端难以给出适配需求的解决方案并保证交付，导致目前的整装更多是产品销售逻辑。

9.1.4　做好整装的"四力"模型

整装要做好，包含产品力、服务力、组织力和数智化力，缺一不可。

产品力：设计＋材料＋施工是真正花在用户家里的钱，占比越大，则产品力越强。比如 10 万的装修合同，有 7 万是设计、材料、施工费，则装企的毛利率是 30％；如果只有 6 万，则其毛利率是 40％。简单来看，前者的产品力强。

服务力：从售前、上门量房、出设计方案到开工交底、施工服务及验收、质保售后等，每个环节都有一对一或一对多的服务，存在巨大的不确定性。这是用户体验的核心。最终看服务，即 NPS 和用户转介绍率，前者关乎运营，后者是最终的结果。

为什么有的装企毛利率是 40％，但产品和服务体验综合要强于毛利率只有 30％ 的装企。按理说前者的产品力要弱于后者。因为前者可能将多出来的 10％ 的毛利拿出一半费用投入到服务和体验上，使得用户体验更佳。

广义的产品力包含了服务力，这也更适用于市场现状，毕竟家装还是强服务属性。

组织力：基于创造用户价值的共同价值观基础上且有竞争力的分利机制和成长机制才有组织力。

那些单纯以分利为核心的装企，其组织形态很容易出问题。服务客户的价值观没有融入组织，要么欺骗用户，要么"打鸡血"式促销和高激励（如设计师和用户串通拿虚假订单，完成业绩拿提成后再退单），要么随波逐流，漏项、增项，行业无法良性发展。

装企做大靠组织力，做强靠产品力。大而强就是靠组织力和产品力，只是这两个力发力的先后顺序不一样——**有产品力也有组织力的前提是先有组织力**。因为家装的装饰属性和零售属性都依赖于人，所以先解决组织力的问题，再通过模式迭代等提升提高产品力，让组织力一步一步拉升产品力。

其实以前有地产红利和流量红利时，从产品力也能到组织力，因为获客成本低，可以将获客节省的费用用于增加销售提成，利益分配也有竞争力。但当市场的获客成本持续增加后，销售提成的空间会被挤压。

一流组织力可以卖三流产品，三流组织力卖不掉一流产品。比如一些标准化装企，一直在打磨产品力，性价比高，甚至同行都找其装修。但产品力再强，用户也不会感受到产品的好，装企只能坚持打磨产品力，然后等到客户的口碑沉淀和裂变。而设计师的提成从 1.5 个点提升到 2 个点都很难，组织的裂变较弱。

这里要强调的一点是，能满足客户需求且性价比高的装修产品才叫有产品力。若标准化程度太高，牺牲了客户的个性化选择，将产品力的一部分让渡给了装企效率，则产品力也会下降。

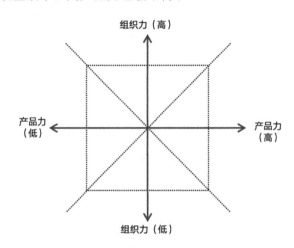

装企做大靠组织力，做强靠产品力

数智化力：家装全链路的数字化包括了 CRM、数智化云设计、VR、ERP、BIM、滴滴化产业工人，这些都渗透到了产品、服务、组织、运营等方面。数智化力作为核心系统和链接发挥着不可替代的作用。

再将装修业务链拆开看就是销售端、运营端和交付端。

销售端：解决获客和合同转化问题，需要产品力、组织力和数智化力的保障。产品力强，会降低获客和销售转化的难度，组织力增强战斗力，数智化解决对用户需求的洞察和千人千面的问题。

运营端：涉及服务力、组织力和数智化力，将业务链高效串起来。业务持续稳定增长靠的就是运营能力。

交付端：产品力、服务力、组织力和数智化力伴随始终。好的产品不仅为客户省钱，还能为交付省心。服务的好坏决定了体验，组织力和数智化力是基础保障。

9.1.5 实践总结的六个整装认知

（1）整装＝产品（材料＋交付）＋服务。

没有服务力的整装产品，用户体验不一定好，装企就算帮用户省钱了，但可能没有让用户省心和省事，尤其是面向经济型品质用户，包括年轻的刚需品质用户和年轻的刚需改善品质用户。品质用户，需要的是品质产品和品质服务。

（2）现在的整装便宜，但不够好，因为供应链打包销售的逻辑。

整装的第二阶段不管是硬装＋家具，还是布局硬装＋定制，目前还是组货的思维，只是把家具和定制当成另一种材料而已。很少有上升到根据用户生活需求的核心导向来做家居和定制。认知突破是难题。

整装始于全包，产品发展相对初级的装企的关注点还停留在材料、价格和工艺上，而对设计、品质和生活方式投入不够，客群又相对宽泛，无法打造基于客户心智的差异化，最后装企只能拼价格。

不是说材料和工艺不重要，而是不能只关注这些。材料和工艺是 1.0 维度，有不少装企做得不好。

（3）整装产品目前以刚需市场为主，客户因价格牺牲选择性，被迫选择标准整装。

为什么用户是被迫的？因为用户没得选了，供给端不够好。现在很多装企把整装产品单独看成一个具体的套餐产品，所以就出现了基于套餐材料的变更，而不是真正以用户价值为中心。

于是装企总是调整材料（也有厂商的原因），其本质没变化。

（4）刚需改善及更高层次的客户对审美及需求的个性化，尤其是家具、软装配饰等个性化选择更高。

"知者研究"从横轴和竖轴看家装用户的需求，横轴有颜值、功能、价格、服务和质量，竖轴有区域、年龄、职业、原生家庭和对美的感知。我们会发现用户的需求是碎片化的。

跟功能有关的规模化，跟美学有关的个性化，用户审美的碎片化，导致跨区域的标准套餐难有爆款。

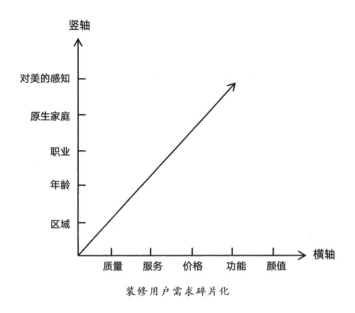

装修用户需求碎片化

（5）**整装的个性化实现要么基于整体规模和区域密度，要么足够细分，做小众人群。**

整装产品要做好，要么有规模，有足够的量，对目标用户再调剂一些SKU，用采购量抹平增加SKU带来的损耗；要么客群聚焦，细分用户，精确SKU，都是在一定量的基础上让SKU最经济。但服务、运营、效率等也要跟上，一旦其他板块有短板，也会有损耗。

（6）**装企直接从硬装叠加软装基本上都会失败，面临最大的困难是用户既往的消费路径和消费习惯。**

装企真正要走向软硬装一体化，要经历几步：**第一步是整个软装体系要成熟，能独立运作；第二步软装和硬装的融合，有了软装能力和硬装能力，但融合很难。**

硬装和软装是两个产品逻辑，却是同一个用户需求。装企用硬装材料拼接的思路做软装，肯定行不通。现在做得好的软装公司都是足够细分人群，漏斗够小，跟硬装漏斗做大的逻辑不一样。

客户装修时，硬装基本在一个公司完成，但软装不能在一个公司完成，很容易被分割，要么换一家公司做，要么硬装公司只做一部分，一体化程度不高。对客户来讲，软装不一定只找一家公司，**用户既往的消费路径和消费习惯，是装企需要关注的重点。**

9.2 家装行业创新者的窘境

装企的创新可以分为三类。

第一类是围绕数字化进行创新，业务流程化，流程标准化，标准数据化，数据在线化，在线数字化，数字智能化，能做到在线化已算不错；第二类围绕管理和运营进行创新，组织变革，实行合伙人制，精细化运营，数据化管理等，圣都、点石等是此类代表；第三类是围绕市场和用户进行创新，住范儿的内容营销和新零售尝试就属此类。

最难的是第一类创新，只是销售前端信息化＋ERP管控相对容易，但要全链路数字化则太难了。这条路贝壳新家居在探索。

9.2.1 为什么装企的分形创新都失败了

为什么很多知名装企、产值过10亿元的装企曾经不断分形创新，推出建材超市、家居卖场、木作定制工厂、工装公司、独立设计公司、独立供应链公司、独立监理公司、软装公司、装修金融贷等，结果不但没有孵化出第二曲线，反而连第一曲线的主业都危在旦夕？

案例一：实创装饰拿到投资，扩大产能，全国布局，各种能力短板凸显，同时木作工厂因环保政策停产，工地延期引发客户、厂家和工人挤兑潮，资金链断裂。

案例二：2015年有住家装的699标准化家装还没打好基础，就不断推出更多新业务和新的尝试：2015年6月，发布针对B端精装房产品ideahouse；2015年11月，推出"中心店＋社区店"的城市合伙人扩张模式；2016年4月，发布装修工人Uber模式派单应用"来活"；2017年3月，发售装配式产品、首款"模块装修"整装产品N-home。如今顾客业务由无印良品家装取代，渠道业务ideahouse升级为BBC模式。

案例三：靓家居从2001年做建材超市开始，到2008年推出套餐装修，再到2015年线上线下一体化及产业链整合，后推出互联网家装靓尚e

家，以及装配式公司、软装公司、装修后市场公司等，都未成功，之后更加聚焦主业，公司发展才越来越稳。

案例四：PINGO 国际自 2016 年"双 11"夺魁，2017 年再次卫冕，之后推出供应链平台、装修后市场公司等不断分形创新，为了上市，发展太快，出了问题。

为什么这些装企的分形创新会失败？原因有以下两点。

一是主航道不稳，核心引擎不强。

以美团为例，它的第一曲线是团购，从团购升级为到店，夯实了主航道。然后主航道分形创新出影票、外卖等，其中外卖成长为第二曲线。美团的核心引擎是供给侧的技术能力升级。2011 年"千团大战"，在大家打广告战时，美团在做 IT 系统。

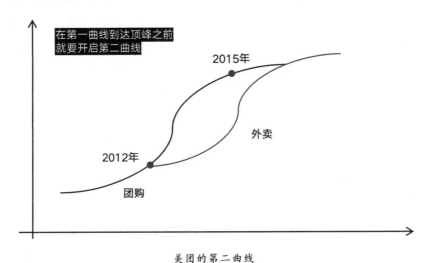

美 团 的 第 二 曲 线

再看字节跳动，它的第一曲线是今日头条，核心引擎是推荐引擎。字节跳动衍生、进化的底层动力：提升分发效率—增强互动效果—创作优质内容—提升分发效率。字节跳动的主航道是包含了多种分发方式的通用信息平台。

而这些装企的核心业务是家装产品及服务。有时装企的核心业务即第一曲线都没有过破局点。第一曲线在快速增长时也没有夯实主航道，即获客、设计、供应链或交付的综合或单一竞争力没有形成。

另外，第一曲线增长的核心引擎没有强化，有时装企产品不够好是因为对用户的洞察不够，想当然地推新品，对客群定位不准。

二是自下而上的变异没有，变异＋隔离＋选择的路径没走稳。

字节跳动没有按业务线划分事业部，只有三个核心职能部门——技术、User 和商业化，分别负责留存、拉新和变现。这是任何一个移动产品从无到有、从小到大的核心。

每一个新产品立项，负责人就去三个部门挑人，临时成立一个虚拟项目组。若虚拟组表现不错，再成立稳定的独立团队，发展为独立公司。判断一个产品是否成熟，是否能独立分拆的标志就是观看人数、阅读时长的倍数增长。

再看这些装企的分形创新，独立业务还是自上而下由创始人主导，项目负责人缺乏独立操盘的能力；有的独立业务没有与核心业务区分，还是在公司的核心业务下成立独立部门来做，分给较少的资源；有的虽然是独立公司，但前期无法自我"造血"，需要"输血"，核心业务自身问题很多，导致供血不足。

这些装企的主航道不稳定或不扎实，也没有核心引擎，再加上自上而下的创新和争抢主业资源发展，这些分形创新的结果自然会失败。

9.2.2 不要低估了家装行业的创新门槛

首先这是烧钱的事情，而且要踩坑，踩大坑，交巨额学费。 贝壳（链家）成立了万链家装、南鱼家装，又参股了爱空间、东易日盛、美窝、牛牛搭等，又以总对价为 39.2 亿元人民币现金及 44315854 股公司 A 类普通股股权收购圣都家装。前后的投入达百亿级，目的就是打通家装的全链路数字化，实现可复制性。

其次，这是重创新不是微创新，是要改变基础设施的创新，而不是头痛医头，脚痛医脚，看似在不停迭代，但永远解决不了根本问题。 比如传统的水、电、木、瓦、油工种之间衔接怎么完成？方林装饰虽没彻底变革，但用笨办法抓工人端，加强培训和考核，保障交付。有的公司仍然是分包制，虽然也想提升交付质量，但这些装企不抓工人而是增加用户体验官、管家、质检等岗位，加强检查和引导，其实治标不治本。这种微创新不仅不能解决问题，还拉低了人效。

最后，这是道路千万条，条条都要试、都要闯的必然之路。装企没有足够弹药，只能小团队一条路一条路小步快跑试错。但家装链条长，节点多，牵扯岗位众多，外部资源协作太多，产品、运营、交付、组织、信息化等产生的变量让创新之路演化为千万条，小装企也不知道哪条路可行，只能慢慢试。最大的问题还不是投入多少，而是没有足够的时间让你去试。

为什么贝壳不断在投资和收购，它是在用钱买时间。外部环境不是静止的，不会等着你创新完成来改变这个行业。

从这个角度看颜伟阳为什么会让贝壳全资收购圣都家装？因为他明白，一个有梦想的企业家，让圣都人温暖中国 660＋城市的装企，唯有和贝壳站在一起才可能实现其愿景。颜伟阳是要完成一个使命，实现一个愿景，这才是最美好的。

9.2.3 警惕信息化、数字化的创新黑洞

装企在信息化建设方面投入多少才算合理？信息化在装企的能力配置上应该占比多少？家装全链路的数字化会不会从现有的装企中形成？

业之峰要用两个"五年计划"到 2025 年实现产值 100 亿，到 2030 年实现产值 300 亿，打造千亿市值的装企。

要想实现这一目标，业之峰首先是开展整装业务，打造"全包圆＋诺华整装"双整装品牌。其次是做到"4 个超级"，即超级新物种大店、超级供应链加持、超级广告投放策略、超级多根据地建立。第三是做好"5221"，获客 50％靠引流导流，20％靠供应链，20％靠交付，剩下的10％则靠信息化。

后来业之峰将"5221"调整为"433"，即 40％的引流导流，30％的供应链，30％的交付。虽然张钧已经将 2022 年定为业之峰数字化转型年，并认为随着整装规模扩大，数字化的权重也会更高，但当下交付还是更重要的事情。数字化不是目的，与业务适配就行。

我和圣都颜伟阳聊业之峰的"5221"，他也对此给出了圣都家装的"5221"：50％是客户价值和客户体验，以客户价值为中心，大产品和营销

最终也要回到客户体验上；施工交付和信息化各占比 20%，若是家装平台，信息化占比会更大；供应链只占比 10%，规模越大，供应链越省事。

通过两大头部装企的信息化能力配比，可以看到家装行业信息化建设的现状。当然有的装企可以达到 30%、35%，但规模不是一个量级，而且还有以下三个误区。

（1）有信息化工具和使用是两回事。不少装企工具很多，从前端到后端都有，但使用率很低，门店和供应链、交付等岗位工作人员不爱用，不想用，觉得不好用，费事，反而降低了效率。

（2）信息化工具的融合度很差。量房用美家或科创，VR 用真家科技，云设计用酷家乐，ERP 用智装或云立方，BIM 用打扮家，定制品设计用三维家，供应链和财务等再用其他软件。这些系统或软件有的不一定与装企匹配甚至自身都不成熟，就算二次开发，也很难将各个数据"孤岛"打通。

（3）家装全链路的数字化是行业的基础设施，但不是装企建立的。按贝壳新家装的投入来看，至少是百亿级的，装企的利润就算有 10%，至少需要做到千亿级规模才能做这事。装企做到千亿级规模时，底层一定已经是全链路的数字化逻辑了。这些行业的基础设施，装企很难自己建造，因为投入大、产出低、周期长，其实也没必要，让专业的公司去做。当然，你觉得行业基础设施不足，要自己造，那这就是无底洞。

目前家装行业的核心能力仍然是团队、组织和管理。笔者和生活家董事长白杰交流，他认为人的因素可能占到八成，未来降到五成以下就是巨大的变革。

当然降到五成以下，那就意味着装企的信息化、数字化能力占比达到了五成。其实，这已经是家装新物种了。

"颠覆性创新之父"克里斯坦森的《创新者的窘境》有两句话让人深思：就算我们把每件事情都做对了，也有可能错失城池；面对新技术和新市场，导致失败的往往是完美无瑕的管理。

对于装企来说，想从全链路数字化方面找到行业破局的解决方案是很难的。当跨界进入的地产、房产中介、家电、家居等巨头解决了品牌信任的问题，完成基础设施建设，装企所依赖的用户、组织、产品和市场等多种要素构成的价值网被重构了，装企的价值也会发生新的变化。

对装企而言，基于信息化、数字化的创新要有节奏和尺度，否则会越来越累。

9.3　突破束缚，跨越非连续性

9.3.1　避免合伙人固守利益导致熵增

为什么家装行业很难有优秀人才进入？

除了这个行业过了地产和流量的红利期，规模大也不怎么挣钱外，还有就是装企的内卷和利益蛋糕太固化，中层到高层很难晋升。

前端门店的市场岗位晋升比较清晰，但后端的职能岗位，如产品、获客、内容、品牌、供应链、交付、售后等相关岗位的晋升就不清晰了，或者说到了中层，基本就很难往上升了。

但凡合伙制的公司都有各自的利益蛋糕，合伙人级别越高，获得的"蛋糕"越大。人才分为两类：一类是技能型，级别不低，可以是经理或总监，但要上手干活儿；一类是高级人才，进来可以做到副总裁级，但这类人很难留住，没有业务的利益蛋糕撑着，难以有具体的成果。

所以空降到装企任总经理及副总裁级的，若不是开拓新业务，不是做增量，则利益分配有限，很难持续。除非是公司的战略性投入，如技术投入，招聘个 CTO 补公司的短板。

熵是描述事物内部混乱程度的概念，熵越大，越无序，反之为有序。熵增过程是一个自发的由有序向无序发展的过程。为了避免熵增吸引新鲜血液进来（但进来不一定待得住），又在固守利益蛋糕的情况下，晋升空间有限，熵增还是在所难免。

为什么会这样？合伙人固守利益蛋糕。

竞争加剧导致盘子做大困难，盘子小，蛋糕就小，市场、供应链、运营、交付和城市扩张的老大又紧紧握住自己的蛋糕，新人如果本身能力一般，就算成长快，顶多到中层，晋升空间有限；能力强的人基本进不去的，进去了让做增量或创新业务，又不给资源支持，没干多久就得停。所以不一定呆得住，人才进进出出，企业乃至整个家装行业人才流失率就大。

打破这种机制，最主要的是做增量，食利者就容易被干掉。当让空降的高管做增量，尤其是创新业务要给足够的试错成本。否则要求高，又支持少，市场上平均要 1000 万的投入，你给 10 万，结局可想而知。这是一些想创新的装企容易犯的错，不按市场规律投入，搞一下不行就撤，对人才是巨大的浪费，也说明了战略的不清晰，以及对未来增长点的无所适从。

再来看圣都的市场和设计晋升体系：

圣都市场系列晋升体系：家装顾问—资深顾问—优秀顾问—高级顾问—金牌顾问—钻石顾问—首席顾问—见习市场部经理—市场部经理—事业部副经理—事业部经理—城市店总（股东）—大区总。

圣都设计系列晋升体系：见习设计—资深设计—主案设计—主任设计—设计总监—精品总监—首席设计—导师—事业部副经理—事业部经理—城市店总（股东）—大区总。

为什么圣都最基础的岗位能爬到大区总，还是因为圣都鼓励做增量，盘子在快速放大，财报显示过去三年营收分别是 26.56 亿、32.99 亿、42.73 亿。

9.3.2 突破价值网和组织心智的束缚

很多头部装企增长到一定的体量，赶上了地产红利、流量红利等外部变化带来的增长机会，过程中形成外部生存结果（价值网）和内部思维模式（组织心智）。组织心智是组织成员对产品、服务、组织、用户价值等的共同认知，不同的认知会产生不同的组织行为。庞大的市场、低频非标的产品和服务，催生出装企营销主导、获客驱动的签单基因，忽视产品力和组织力的建设，不关注用户需求和口碑。

这些利益关系和固化认知既是之前成功的保障，也是以后突破非连续性发展的阻碍。

价值网是相关利益者所结成的相互关系。很多头部装企的成功依赖原有的价值网，装企毛利率高，设计师拿回扣，项目经理漏项增项，材料商加价，利益受损方是客户，形成销售主导、获客驱动的签单基因构成的组织制约了装企，面对巨变的市场环境，装企难以走出困境。

2021 年 6 月，笔者在生活家总部调研。生活家总裁白杰说，2012 年到 2014 年的扩张没什么阻力，分公司基本年营收不低于 2 亿元，开业当天就能进账 5000 万。当时生活家的 588 元、688 元全包套餐（半包＋材料）对市场主流的半包是降维打击，收割了一波红利。

那时冲出去后面临一个重大问题：集采供应链不健全。当地采，水太深，负责人回扣太大，比如地板、橱柜、乳胶漆等都有回扣。经销商把负责人搞定后，材料品质及交付出问题，客户不满意，投诉，影响一线人员，人员流失，继而影响来单，装企又招不到优秀的人，负向循环。

若家装产业链的一些节点不是在阳光下挣钱，利益相关方的利益分配不健康则会影响整个经营体系。

白杰说那时总经理收益构成变化很大，一个施工工地公司只奖励 800元，而其灰色收入就有一万元。

2014 年生活家干集采供应链，小到一颗螺丝钉都要集采，走了一批分总。现在回头看这个做法太急太理想化，因为这种行为对抗的是整个装企固化的价值网。

这要看老板的魄力，白杰说那时哪怕两年不营收都要干这件事，于是产值下滑一半。后来他跟员工达成默契，员工赚定制、软装、电器的钱，大家来分，摆在桌面上谈，就是分多分少的问题，你说少了重新再分。没有清晰的责权利机制，就无法谈授权。**流程意味着提高了效率，但也排斥了变化。用流程定义了某项特定任务的能力，同时也就定义了他无法完成其他任务的能力。装企的创新难以为继。**

流程带来确定性的同时带来了束缚。很多装企的组织就是这样形成的。今日头条的张一鸣认为，一般在行业相对稳定、模式不变的情况下，增加规则是没问题的。如果是在一个动态变化的行业里，规则固化了员工之间的配合方式，制约了灵活性，就会出现许多问题。所以流程是一个一体两面的东西，如果行业相对稳定，选择流程也是可以的。

当然有的装企第一曲线还在增长，想要发展第二曲线，就要谨防装企内在组织心智、外在价值网依赖的惯性扼杀第二曲线。因为起初的第二曲线都很平缓，按照财务指标很容易被废掉。最好的办法是设立独立小机构由 CEO 直接领导，在装企体系之外单独发展第二曲线，才可能从第一曲线成功跨越非连续性进入第二曲线。

9.3.3 建立有效推动组织成长的机制

借鉴华为经验并结合装企实际经营情况，如何建立有效推动组织成长的机制措施，破除组织心智的影响，大致解决框架如下。

1. 建立让装企、行业可持续发展的装企文化

装企文化是企业上下达成的共识，是企业成功的关键因素，包含使命、价值观、精神象征、愿景、行为和担当，是持续保持竞争优势和改写装企命运的重要动力。

对装企而言，正向的企业文化能让从业者在阳光下有尊严地赚钱，而不是设计师通过过度销售、卖材料拿返点，也不是工长靠恶意增项赚钱，让产业链上下游都能得到该得的利益，共同为用户创造价值。笔者每次看到贝壳的使命——"有尊严的服务者，更美好的居住"，总会肃然起敬！

2. 合理分配利益，让创造用户价值的人分享利益

华为的理念是以奋斗者为本。

任正非说：我在华为 20 多年做的最重要的事情，就是分钱，把钱分好了，组织就活了。

价值创造、价值评价与价值分配，关键是建立合理的价值评价体系。

对装企而言，设计师以设计方案和服务用户为本，这是价值，而不单是销售，所以考核点就是销售转化和用户体验并重；若是个性化装修服务，则以体验为主；项目经理的考核点是施工质量、施工周期和问题率；供应链的考核点就是材料下单准确率、周转率和是否及时配送；等等。同时，绩效导向与可持续发展导向并重，解决面向个人和面向组织的问题，让装企可持续发展。

3. 抓管理，抓组织，找高手，让车头强起来

任正非是华为干部管理工作的第一责任人，如果任正非在公司只管一件事，那就是管干部。

干部的标准是一切干部管理工作的基础和出发点。装修是劳动密集型行业，还在吃管理红利，店面或分公司干得好与坏全靠一把手。

装企的高层必须具备以下素质。

（1）保持强烈的进取精神和忧患意识，对装企的未来和重大经营决策承担个人风险。

（2）坚持装企利益高于部门利益和个人利益。

（3）听取不同意见，团结一切可以团结的人。

（4）加强政治品格的训练与道德品质的修养，廉洁自律。

（5）不断学习。

华为的"四力"领导力模型也很有价值：高级干部要有决断力（战略决断，战略洞察）；中层干部要有理解力（系统性思维，妥协与灰度）；基层干部要有执行力（激励与发展团队，组织能力建设）、与人连接力。

4. 家装组织的自我批判，复盘与精进

将军如果不知道自己错在哪里，就永远不会成为将军。

华为如何开展自我批判？组织保障、舆论引导、制度保障、有的放矢和覆盖上下，这些都值得装企借鉴。

对装企来说，自我批判的三步骤和三原则都是简单有效的方法，可以应用。

自我批判的三步骤：反思、总结和改进。

自我批判的三原则："三讲三不讲"（讲主观不讲客观，讲内因不讲外因，讲自己不讲别人）。这些都能应用在实际工作中。

5. 让一线员工有足够的成长空间和晋升空间

经济学家汤姆·海滋莱特说："自上而下的控制是一种难以撼动的习惯。"

在华为没有在基层干过不能在总部当官，只能当普通职员。

从结果公平（分配公平）到过程公平（程序公平）。自愿合作的基础是信任和承诺，而过程公平是建立信任与承诺的基础。

装企要让一线人员深切感受到分配公平和过程公平，能往上走，有发展空间。

装企老板是突破束缚、跨越非连续性的第一责任人。

因为家装行业是典型的大行业小企业，装企的企业文化基本就是老板的个人风格。而对掌舵者而言，他重要的素质是把握方向和调整节奏。优秀的经营者如任正非，必定拥有过人的认知和掌握合适的灰度，面对未来的不确定性，既要有远见锁定方向，又要务实的做出调整，敢放权，能妥协，以使企业行稳致远。

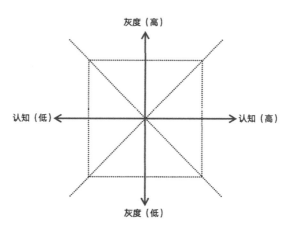

从认知和灰度两个象限划分看装企的老板文化

装企的老板风格大致分为以下几类。

第一类：江湖气，讲义气（低认知，高灰度）。这类装企老板基本是工长出身，比较江湖化，讲兄弟情义，不按市场规则和制度办事。1号家居网法人代表童铭总结自己的惨痛教训之一就是"人情化借钱、分钱太江湖"。从逢年过节到员工结婚生孩子买房子，没有哪个员工不借钱，该公司在处理账目时发现有七八千万元给员工借走。另外就是分钱时吃大锅饭，没有按照经营业绩分配，而是搞平均主义。

第二类：格局小，做不大（低认知，低灰度）。这类老板的装企产值在500万～5000万，在不同城市，产值有差异。不懂得分配利益，团队建设投人不够，视野短，格局小，靠经验办事，事无巨细自己盯，一般是夫妻档。

第三类：爱学习，没灰度（高认知，低灰度）。这类装企老板爱学习，喜欢琢磨事情，爱参加商学院培训，勤奋，有格局，也有梦想，也想改造行业，成就更多人，让用户因为这家装企的装修而不凡；但追求完美，无法容忍瑕疵，见识不够（未曾到过一个高峰），掌控欲强，没有灰度。这类公司的产值一般在 1 亿～10 亿。

任正非的高明之处都藏在他的"灰度哲学"里。他说：清晰的方向，是在混沌中产生的，是从灰色中脱颖而出，方向是随时间与空间而变的，它常常又会变得不清晰，并不是非白即黑、非此即彼。合理地掌握合适的灰度，是发展的要素，在一段时间内和谐。这种和谐的过程叫妥协，这种和谐的结果叫灰度。

所以，对掌舵者而言，重要的素质是方向、节奏，知进退，明得失，懂取舍。掌舵者的水平就是合适的灰度。坚定不移的正确方向来自灰度、妥协与宽容。

第四类：有见识，有灰度（高认知，高灰度）。这类装企老板极少，有见识，有格局，有梦想，有英雄心，有灰度，简单而不世故，也曾在行业内到达过高峰（相对而言），能跨越非连续性，又将到一个新的高峰。

什么样的装企老板才能突破价值网和组织心智的束缚，就是有高认知、高灰度的老板，并且还得有见识，即跨越过一次非连续性。

9.4 预见家装未来：家装新物种"3＋1"模型

9.4.1 设计及产品端

设计及产品端解决三个问题。

1. 解决信任的问题

如何解决信任的问题？品牌＋大咖设计＋前置化需求智能匹配。

家装新物种的"3+1"模型

装企是没有品牌的，但家装家居大生态里是有品牌的，比如贝壳、万科、恒大、国美、欧派、索菲亚、顾家、方太、公牛等。这些品牌公司如果能降维到家装行业会有很强的势能，这是目前较为可行的品牌解决方案。

再说大咖设计，不是销售型设计师，而是指生活方式专家。他们懂材料，懂美学，懂用户，有设计经验，有生活经验，有用户思维，容易让人亲近、产生信任。通过前置化的需求智能匹配，生活方式专家已经基本掌握了用户对家的美好憧憬和实际的生活需求，专业能力强，签单速度快。

2. 解决签单效率的问题

怎么解决？超级数据库＋数智化云设计＋千人千面。

用户端的呈现是千人千面的，是数智化的。用户端依据海量真实装修数据的智能设计算法，上亿级的真实装修案例被数字化解构，几乎覆盖了全国所有主要小区和户型，能迅速捕捉用户需求，快速匹配设计需求，给出解决方案。

这里要解决需求拆解和产品呈现的问题，用户一看就觉得是为自己量身定制的。有了信任基础，也能快速匹配用户的需求，对于大咖设计小组来说，一天签3个合同才是正常水平，客单价20万，一个月1000万产值，这是理想状态。

要注意的是，这里有几个隐含假设：一是品牌和大咖设计能快速建立

装修口碑怎么来：重塑用户体验场景

信任，用户进店，而大咖设计就会告诉用户什么设计适合他；二是合适的方案是大咖设计师根据用户需求洞察、解析及数智化云设计得来的；三是大咖设计不是一个人，而是"小组＋数智化云设计"的协同体，由主咖设计、需求深化设计、颜值功能设计等组成。

3. 解决出图和报价的问题

怎么解决出图和报价的问题？BIM＋数智化云设计。

设计图出来时，施工图、材料清单和预算表也能准确无误地制作出来，且预算等于决算，就得通过 BIM 实现。

家装与 BIM 技术融合后，产生了 BIM 家装，可以实现精准报价，规范施工图，避免材料浪费。材料的属性、规格、数量、价格、生产厂家，以及装修隐蔽工程等施工交付都可以通过 BIM 家装实现在线化、数字化和可视化。装修完全透明了，而且数据可存储，可调用。若以后局部装修有拆改，会极为方便，换装更快，省心省力省时。

9.4.2　全链路的数字化

不管是业之峰的根据地战略，还是圣都家装的平推战略都是在布局城市扩张。以圣都家装为例，第一个五年是平推战略，以直营店深耕长三角，开到 200 家店，温暖 30 万家庭，2024 年业绩目标破 100 亿。

所有的大规模扩张都要解决可复制性的问题，家装可复制的终极表现就是全链路的数字化。

1. 数智化云设计＋BIM＋ERP＋滴滴化产业工人

整装是满足用户装修完整美好家需求的供给端变革，门槛很高，供给端要同时具备产品够好、规模够大、效率够高和组织够强的四大条件，形成良性循环，且彼此适配，并且要在设计、施工、材料、定制、家具、软装等多个细分行业同时在设计一体化整合的基础上进行，这是很难的。依靠信息化大企业可以做到百亿规模，但要到千亿级规模需要建立全链路数字化的平台化模式。

结合贝壳美家、住范儿的逻辑，我们大致推演一下全链路的数字化呈现形式。

（1）在超级数据库的支撑下数智化云设计快速、准确捕捉用户需求，在设计师有限辅助下完成方案。这样，总部建立中央设计厨房，可以解决下沉市场没有大咖设计或者找不到合适设计师的问题。

（2）数智化云设计＋BIM，效果图、设计图、施工图、材料清单与交付一致，即预算等于决算，效果等于实景。

（3）施工数字化，建立各节点的施工标准，产业工人经培训及考核后持证上岗。产业工人有等级，依等级接活，工艺工法也根据客户需求分级。

数智化云设计＋BIM＋ERP＋滴滴化产业工人等实现所想即所见，所见即所得。

2. 全链路数字化的两个基础

全链路数字化最难的一环是施工，如果仍按照传统的水、电、木、瓦、油作业的方式，大概率会失败。

全链路数字化需要具备产品端装配化，交付端革新化两个基础：

（1）装配式装修发展到一定程度，具备标准化设计、工业化生产、装配化施工和信息化协同四大特征。具体说明如下。

建筑设计与装修设计一体化模数，BIM模型协同设计；产品统一部品化，部品统一型号规格和设计标准；产业工人现场装配，工厂化管理规范装配动作和程序；部品标准化、模块化、模数化，从测量数据与工厂智造协同，现场进度与工程配送协同。部品最大程度标准化、装配化，对人的依赖大大降低。

（2）新技术、新工艺为交付带来革新。和装配式一样，核心就是减少对人的过度依赖。

比如，给手机充电可以无线传输，那么强电若能安全、稳定、无害传输，是不是就不用开槽？甚至连电工也不用了，省了很多事情。如果其他工种也可以优化和变革，家装对工人的依赖会大幅度降低。

以上两点是与家装全链路数字化并行的，这条艰难而正确的路是对整个产业链的变革，装企没有长期的坚持是走不到最后的。

9.4.3　供应链的变革

装企与材料部品厂商、卖场渠道、经销商的关系、利益网会重构。

1. 卖场及线上重构，家居建材新零售崛起

家装行业具有重决策、弱品牌、超低频的属性，产业链一端是各个家庭千差万别的需求，另一端是品牌方标准化、规模化的生产模式，中间隔着层层经销商和极其分散的服务商，低效的流通环节导致终端加价率居高不下。家装零售市场，单靠家装服务来驱动，是很难改变"制造本位"的行业格局，实现行业影响力并真正改善用户体验的。

从消费者端看，"痛点"很明显：走进大卖场，看到一个 4 万元的沙发，产品很好，但是很贵，性价比不高，挑选和购物成本太高；回到线上的综合型货架电商，搜索一个马桶，从 300 元到 2 万元都有，图片差不多，也不知道该买哪个。而品牌方获客太难，巨额的营销预算只能浪费在广告上。

于是贝壳美家、住范儿等要去变革。以住范儿为例，2022 年 3 月在北京开了一家 2 万平方米，包含整装、家居、建材和家电的超级家居商场，打破原有卖场收租、重品牌、店铺拼凑展示的模式，而是重品类轻品牌，重场景轻单品，让用户和行业上下游都受益。

住范儿 CEO 刘羡然认为目前线上线下的零售卖场都是二房东模式，坐拥流量出租货架，并不承担流通环节的职能。住范儿探索的就是一种统一管理、控货、控场、控价、控服务的新型零售模式。

当然，这种新零售模式是否成功关键在于能否帮助用户选择更合适的产品，能否让品牌方更高效地触达用户，从而提升交易效率，把终端加价率降低。

2. 装企、厂商和经销商的利益重构

百亿级、千亿级的装企会对核心能力做减法，前提是先做加法重塑产业链后达到那一级规模才行。

这类装企（平台）最核心的能力有两个：一是产品研发能力和对上游供给端的改造能力，将大量用户需求拆解反向定制；二是全链路的数字化能力，将链条里的利益相关方高效协同。

百亿级、千亿级装企的每个建材部品品类只跟一两个核心品牌捆绑合作，少则几亿多则几十亿的采购量，厂商给的政策肯定优惠。2021 年 4 月圣都家装携手家用电器、家居主材、定制共 8 家头部品牌，推出了"一心一亿"品牌联盟，以销售额"一亿"为小目标，推动 B2B2C 模式的实际转化，形成圣都、合作品牌、客户三方共赢的良性循环。2022 年 8 月，"一心一亿"联盟成员正式升级为 18 家，除原有领域外，新增加家居、辅材等全新品类。这一举措推动了家装供应链的变革。

装企仅靠产品差价已不能支撑整体运营成本了，而装企对落地服务能力又有很大的需求，一些经销商会转型为服务商，做测量、送货、安装、售后等工作，赚取服务费，但更多的经销商因无法适应变化而被淘汰。

部品企业具有施工能力，装企成为产品研发公司，从施工交付中解放出来，通过 BIM＋ERP＋滴滴化产业工人等数字化平台和基础设施，将落地交付由各厂商的服务商分解完成。

9.4.4 "1"是巨大的流量入口能力

没有最后"1"这个巨大的流量入口能力，前面的"3"难以运转起来。

在设计及产品端需要"超级数据库＋数智化云设计＋千人千面"背后是规模的支撑。没有大量的真实用户数据，云设计就是单机版，千人千面的终端呈现就不可能有强大的柔性供应链支撑；全链路的数字化建设也不可能有足够的投入建成，贝壳做万链家装、南鱼家装，以及投资了一批产业链装企都是用钱堆出来的。它更不可能有改造上游供给端的能力，因为没采购量，就没装企来合作。

那么这个"1"谁具备呢？阿里、京东、拼多多等有线上的流量入口；贝壳找房有线下的存量房的入口，二手房交易后的翻新、局装或全装第一时间被拦截；物业有小区生活场景的入口，也能触达装修用户，等等。

贝壳全资收购圣都家装后，若能打通全链路的数字化，加上圣都家装

的组织管理能力、人才优势，以及自身的巨大流量导入，再与贝壳新家居联动，可能是最有希望达到千亿级的装企（平台）。

9.4.5　整装和零售的辩证关系

圣都家装创始人颜伟阳同笔者探讨了五个关于"整装和零售"的问题，从零售的角度看整装，很有意义。

（1）家居建材零售未来什么样？

家居建材零售还是围绕现有卖场的"痛点"解决问题，统一管理、控货、控场、控价、控服务。贝壳新家居的逻辑：重品类，轻品牌（卖场已经成为近似宜家的品牌），重居家场景展示，重颜值（基于大数据云设计匹配等），性价比高，盈利模式和现有的家居卖场不一样。

（2）整装未来什么样？

整装现在发展极不均衡。我们判断，整装产品是一个渐进式的一体化发展样式，第一阶段是标准化硬装，第二阶段是硬装＋全屋定制。

硬装套餐＋全屋定制，其他的家具、软装、配饰、灯具、家电等做成单个全含的套餐包。

未来可能就是类似于硬装＋匹配各种可选方案，自动识别和匹配。家居建材零售可能就是承载了各种套餐包和场景的解决方案。

（3）整装渠道和零售渠道，哪个是部品装企的未来最重要渠道？

按照我的理解，整装渠道会成为部品装企的重要渠道有两个前提：一是装企产品研发能力和对上游供给端的改造能力，将大量用户需求拆解反向定制柔性生产；二是全链路的数字化能力，将链条里的利益相关方高效协同。

至于哪个渠道权重更大，要看家居零售的发展情况了。如果解决了设计和流量的问题，就是零售＋装修的新物种了，供应链是共享的。就像贝壳新家装和贝壳新家居两条线发展，以后会有交集。

（4）家居卖场的竞争对手是整装还是零售？

目前来看家居卖场对整装的影响大，但长远来看，零售更容易过百亿，甚至过千亿规模。它具有马太效应，和家装还不一样，如果交付能滴滴化，零售会跑得更快！

（5）整装和零售融合又是什么样？

整装公司有产品研发的能力和交付能力。所有的产品设计成场景呈现在家居零售里，两者能都获客，共享供应链！

装企未来会做减法，聚焦核心能力，即产品研发能力＋反向定制能力，施工应该由社会的交付基础设施完成。整装的产品呈现和场景体验都会呈现在家居零售里。

整装的演化和家居零售应该以十年为一个周期。而家装行业的城市覆盖和城市打通渠道差异很大，城市覆盖如果不能带来复购，会给未来埋下巨大隐患。家装行业和低频、高客单价的标准化的耐用品（如汽车）不一样，也必须以十年为一个周期，打持久战。

本书名词释义

（1）"装企"特指家装公司，不含工装。

（2）"装修"主要指"住宅装饰""家庭装修""家装"。

（3）"业主"指房屋产权所有人，在装修过程中，等同于"用户"。

（4）"客户"和"用户"，两者只是侧重点不同，实际生活中经常混用。装企在内部沟通时都会习惯性地称装修顾客为"客户"，"客户"是生意的主体，有交易的成分在里面，重点在成交，是弱连接；"用户"常在互联网公司提及，"用户"是使用产品和服务的主体，有使用反馈的成分在里面，重点在服务，是强连接。本书以家装口碑为题，在具体语境中无差别时，偏向于使用"用户"，以强调家装产品的重服务属性。

（5）"用户品牌"指被用户认可的品牌，等同于有口碑的品牌；"普通品牌"指知名度高，但未必被用户认可。

（6）"家装互联网化"指在"互联网＋"和供给侧改革的大背景下，借助互联网工具和互联网思维，改造家装中存在的问题，通过标准化、信息化、数字化及去中介化、去渠道化，重构家装供应链，重塑产业利益链，提高生产和运营效率，降低产品和服务成本，改善家装用户的体验，去除行业劣质产能和低效产能，促进家装消费升级。家装互联网化是家装产业进化的一个过程，最终会走向产业互联网。

（7）"互联网家装"属于过渡性概念，主要指 2015—2019 年的家装互联网化公司。

（8）装企门店经营指标相关概念：

净利润＝毛利润－费用（经营成本）；

毛利润＝产品售价－产品成本；

产品成本＝材料成本＋施工成本＋仓储物流成本＋主材安装成本；

费用＝固定费用＋变动费用；

固定费用＝房租物业水电＋人员基本工资＋门店装修分摊＋办公费用等；

变动费用＝营销费用＋人员提成＋促销礼品＋刷卡手续费＋售后赔付等。

（9）"第一曲线"指连续型创新模型，也称S曲线，具有一线、两点、三阶段。一线指这条S形曲线。两点：第一个点叫作破局点，过了破局点就会产生自增长，没有过破局点是简单的重复；第二个点叫作极限点，也叫失速点，过了极限点可能进入衰退，也可能跨越非连续性开启第二曲线。三阶段：第一阶段是初创阶段，第二个阶段是发展阶段，第三个阶段是衰退阶段。

后　记

于我而言，本书出版的意义大于书本身

本书于 2017 年 9 月开始筹划，重写两次，几易其稿，总算是要面向读者啦！

总体来讲，这本书比《装修新零售：家装互联网化的实践论（精编版）》一书往前迈了一步，但还达不到我认为的美好作品的程度，介于作品和美好作品之间，但这也是一种进步。最重要的是，我最终完成了这本书。

找到使命

知者研究于 2016 年成立，一开始做品牌营销、公关传播，后来为什么会转向做咨询和顾问服务，而不是培训？培训标准化程度高、需求大，咨询和顾问反而是非标准的，且行业这方面的需求也薄弱。但我还是选择了后者，这与过去几年的心路历程有关。

2017 年底到 2018 年上半年家装行业经历了一波倒闭、跑路潮，包括实创装饰、一号家居网、苹果装饰、我爱我家网和 Pingo 国际等，其中我爱我家网从 2015 年开始就一直是我们的大客户。

后来发现给企业做公关没有价值，会被甲方左右，很难客观去分析。只看到企业发展的表象，至于其是否能可持续经营并不清楚，反而用一堆模型佐证观点，自圆其说。但我心里清楚，若想在一个行业深耕，不能持续地正向输出价值，迟早会被淘汰。

所以 2018 年下半年到 2019 年 11 月，我很痛苦，没有方向和目标。直到系统学习了李善友教授的"理念世界"课程后，这才找到了自己的使命："从作品到美好作品，再到灵魂作品，实现人生的救赎与超越。"

怎么才能让作品不断升级呢？有深入洞察，能客观表达。为此，我需要找到价值观一致的客户，从而介入企业，深入经营，在企业转型期的关键节点为其提供助力，成就客户的同时也能成就作品，所以我们要做咨询和顾问。

重塑价值

回顾过往，我大学时写了 100 多篇关于品牌、营销、广告和策划等方面的文章，开了 30 多家专栏，不少财经媒体向我约稿和采访，如业界知名的中国营销传播网（EMKT）、《销售与市场》的官网第一营销网、全球品牌网等，还拿了一些奖项和荣誉，包括 2007 年首届中国品牌节"金谱奖—中国年度 100 位优秀品牌专家"，2007 策划年会暨第四届"诸葛亮"策划奖之"杰出品牌策划师奖"，中国品牌研究院研究员等，2010 年出版了《别跟我说你懂营销：中国式营销的江湖规则》。

2008 年 5 月我加入知名营销策划机构蜥蜴团队，2011 年我在北京网唇互动品牌营销机构任总经理，从事营销策划、公关传播、互动营销，服务过颐寿园蜂产品、开心网、双汇、好想你枣、金星啤酒、绿源电动车等知名品牌。2014 年，机缘巧合我被我要装修网（积木家前身）创始人尚海洋从北京骋任至西安，出任公司副总裁负责品牌和运营。2014 年底我开始写关于家装 O2O 和互联网家装的内容，迅速在行业出圈，虎嗅、钛媒体、亿欧、品途、百度百家、创业邦、i黑马等平台都开了专栏，直到 2016 年出版《"颠覆"传统装修：互联网家装的实践论》为人所知，开始了行业专著的撰写生涯，以年均一本的频率跟大家分享所见所思所得。

所以 2020 年知者研究转型做咨询和顾问是有足够积累的，既懂营销策划和品牌公关，又一直深扎家装行业，坚持自己的"1"——做好行业理论体系的建设。

　　知者研究的底层是家装行业研究，出书是研究成果的输出，而 50 人论坛则是新书发布会，通过书、内容链接装企和建材部品企业从线上走到线下深度融合的闭门私董式论坛。

　　咨询和顾问做什么呢？面向装企和部品企业做整装方向的战略规划，品牌定位，产品策略，渠道落地……

　　从 2016 年至今，我们服务了土巴兔、有住、积木家、爱空间、派的门、齐家网、家装 e 站、红星美凯龙、美团点评家居、宜和宜美、靓家居、智装天下、贝朗卫浴、北美枫情地板、欧工软装、酷家乐、打扮家、秒象软件、全屋优品、尚品宅配、君潇地毯、方太、COES 管道、德尔地板、保利管道、爱的寝具、九根藤……感谢这些合作伙伴的一路同行，共同成长。

　　最后感谢原积木家副总裁蔡建、知者研究员王行深参与本书的编辑工作！

　　感谢德尔和方太对本书上市的大力支持！

　　一起助力家装家居行业走向美好！

　　一起创造美好作品！

穆　峰

2022 年 9 月 20 日

各界好评

　　装修行业口碑难做，多年来有目共睹。客观上，装修这个服务行业周期长、人员多、地点散等特点决定了其管理难度大，很难形成稳定的体验输出；主观上，在这个极低频的行业，装企往往对积累口碑缺乏热情，与其维护口碑不如抓住新客。但是时代不同了，人口红利结束，人心红利到来，本书从如何做好用户口碑的角度出发，把装修娓娓道来、层层推进，给人启发。作者不愧为一个装修行业的资深人士，见微知著，值得团队共同学习。

上海市室内装饰行业协会会长、聚通装饰集团董事长　徐国俭

　　本书站在用户体验的角度，对家装服务的全流程进行了翔实的梳理与分析，阐述了"口碑是装企的第一生产力"的观点。本书对行业发展、企业经营及提高用户体验具有重要的指导意义，值得家装从业者认真研读和学习，从中获得启发。

上海统帅装饰集团董事长　杨海

　　很开心看到穆老师把用户口碑作为研究方向，提出"口碑是装企的第一生产力"的观点，这也与我一贯以来的经营理念高度契合。装企守住工地就是守住阵地，用户的点赞、认可是最大的流量入口，家装未来的红利就是口碑的红利。我坚信，只要把口碑做好，就是最后的赢家！

华美乐装饰集团董事长　郑晓利

　　这些年以来，星杰一直在向先进行业学习。我认为口碑不仅是一个公司发展和客户服务的关键，更是整个行业发展、提升行业在消费者心目中

印象的关键。星杰正以口碑为核心，致力于做真诚的专业服务者，不断提升用户的体验。而穆老师这本书系统地介绍了行业的现状和口碑的价值，并有建立口碑体系的方法，很值得认真一读。提升行业口碑，建设装饰行业基础客户服务的确定性，是我们这一代装修人的责任和使命。

上海星杰装饰集团董事长　杨渊

非常感谢作者对"口碑是装企的第一生产力"进行了深入浅出的、系统且务实的阐述。作者沿着家装用户的体验地图和消费旅程，逐一地、详细地提出了在家装过程中的每一个业务场景中建立口碑的切实可行的解决方案。同时，作者还提出了基于口碑的前提下，装企如何重新审视自我和找到发展的底层逻辑。

我坚信：口碑，必定是所有装企现在及未来的第一生产力。

生活家家居集团董事长兼总裁　白杰

良好的口碑是影响消费者对品牌的态度和行为的重要信息源，反映企业的生机与核心竞争力，是企业的无形资产。本书以口碑为切入点，解析行业现状，阐述家装行业发展的底层逻辑和背后的"第一性原理"，对家装企业通过重塑用户体验场景和树立口碑有着很大的借鉴意义。

红蚂蚁集团董事长　李荣

这是一本关于家装行业的口碑的专著，这是一次家装细节的技术解剖，这是一场家装体验的深度旅行。以营销为导向终将成为历史，高满意度的交付才是装企未来发展的根本。本书以口碑为切入点，深入解析了家装行业乱象背后的逻辑，明确地提出口碑是装企的第一生产力。值得借鉴学习，我向大家推荐这本书。

丛一楼装饰集团董事长　汪振华

家装行业的特性，让家装公司重视营销甚于口碑。营销决定了装企当下的生存，口碑的建设决定了长期的发展。口碑建设不仅在于交付的结果，还在于整个过程的体验。而当前装企都在向整装转型，在交付的顺畅度和客户体验的营造上，呈现出了更复杂的难题。

家装行业研究专家穆峰先生的又一新作，立足于家装企业口碑建立，做出了深刻系统的分析，让装企在发展中得到及时的警醒和宝贵的借鉴！

海天恒基装饰集团董事长　海军

我们都清楚，任何一项服务，归根结底都是在围绕用户进行，并期待被用户接受，这是市场活动的基本事实。经过近 5 年的精心打磨，《装修口碑怎么来：重塑用户体验场景》终于与读者见面，从用户体验出发，通过探究"用户口碑"的重要性，重新唤起行业对用户口碑的重视。当然 14 年来，土巴兔也始终坚持"用户第一"的价值观，把企业使命和用户口碑作为不断追求的目标，这与我们当时创办公司的初心始终保持一致。最后希望这本书如它编撰之初的本义，带给同行们更多对市场规律的思考与对初心的追溯。

土巴兔联合创始人　王国春

目前家居家装产业的产品形态、渠道结构、销售模式都在发生明显的变化，背后是用户消费观念的改变以及话语权的提升，穆老师的新书把握住用户口碑这一核心要素，围绕用户体验场景帮助相关从业者重新认识家装，也为我们部品商切入家装渠道提供了思路，值得大家研读。

中深爱的寝具董事长　张凯生

装修口碑很难。装修公司承担的不仅是施工，而是一整套项目管理：控制质量、进度、预算，协调所有的相关方。因此，出现不可控和不可预期的结果是通病。没有装企老板不想做好口碑，只是解决这个问题比工厂品控要难得多。产业工人也好，BIM 软件也好，整装也好，于打造装修口碑来讲，都是通过一部分核心能力做不同程度的促进。穆峰老师的书，系统性梳理并建立了装修口碑评价和公司运营的方法模型，非常期待能够为行业的进化带来巨大价值。

住范儿 CEO　刘羡然

装修口碑怎么来：重塑用户体验场景

这本书穿透了层层表象，窥见了装修行业的底层逻辑，既有对于行业发展的深度思考，又有很强的实战应用价值。装修人必读的好书！

上海朗域装饰总经理　**焦毅**

目前家装行业依旧无序，几年前互联网家装成为风口的时候就没有解决客户信任问题，近几年反而愈演愈烈。但是针对家装市场，可以借鉴的深入分析行业问题的书籍太少。穆峰老师的新书《装修口碑怎么来：重塑用户体验场景》，在当前以营销和产品为主体的家装市场中，再次提出交付和重塑口碑对装企的重要性，对我的影响很大。希望身为家装人，时刻牢记自己为客户装好房子的初心。

今朝装饰集团总经理　**戴仙艳**

目前，家装行业的房产红利和流量红利浪潮渐渐消退，单纯以"产值思维"经营的装企增长乏力。从"产值思维"回归到"用户思维"才是商业的本质。穆峰老师在家装领域已经深耕多年，以口碑为切入点，深度解析了家装的全业务流程。书中理论结合案例，简明清晰，可操作性强，也更适合家装企业对经营方法论的基本需求。希望各位读者能在此书的基础上，打造出自己的经营体系！

天津信日装饰集团董事长、天津室内装饰协会副会长　**张强**

当前装企获客成本越来越高，口碑回单率的提升会有效降低装企获客成本，使得装企在竞争中获得优势，这一点在九根藤已经得到验证。穆老师新书以口碑为核心，围绕家装用户体验地图，剖析了家装不同环节场景中打造口碑的关键点，相信很多家装行业同仁能从书中得到启发。

九根藤集团董事长　**谭峰**

在增量市场中，靠速度，靠跑马圈地，即便是粗放的方式也能带来业绩的快速增长。而在存量市场，口碑是装企基业长青、长期发展的基石，如何经营好用户的口碑，是装企下半场竞争的关键。穆峰老师又一力作，带给装企的不仅是理念，也是务实的策略，在混沌的市场竞争中为装企点燃了一盏明灯。

U家工场创始人　李帅

口碑是一个企业的生存根本，对于装修来说口碑在于交付。好的交付应以系统为核心，从前端到后端实现过程化管控，通过大数据做好用户需求分析，在细节上不断完善交付体验，以口碑赢得客户的信任和选择，用口碑形成企业的可持续发展。推荐此书，看懂口碑！

上海俞润空间设计董事长　俞爱武

穆峰的这本书从用户角度和口碑思维来看待装修行业，把装修行业的关注点重新拉回到最核心的用户，是行业乱象丛生状态下的一股清流。我很认同本书的一句话：口碑是装企的第一生产力，这也是我们家装材料行业需要重视和思考的问题。"无口碑，不装修。"我希望这本书引发大家更多关注用户体验。

爱康企业集团总裁　林王柱

家装创新进入深水区，装企不触及产业底层技术创新和效率提升都很难再有机会，做产业将不再是轰轰烈烈地跑马圈地，而应踏踏实实地坚守长期价值，穆老师的新书很好地诠释了这点。

泛米科技（上海）有限公司董事长、帘盟创始人　赵谦

口碑是人类最原始的行销广告，它在家装行业中所产生的作用和影响力是巨大的。因为在家装企业的整个营销过程中，许多准备装修的业主会把口碑作为选择合作的重要标准。本书让你更深刻、更系统地理解家装口碑。

上海C＋装饰集团董事长　蒙延仪

穆峰老师数年如一日为行业发声，具有过人的行业洞察力及敏锐度。与其交谈，常常能感受到他对家装研究的热爱之切，对品牌战略的耕耘之深。行业需要这样的人，著书立说、建言献策。

装修口碑怎么来：重塑用户体验场景

读罢此书，我不禁陷入沉思。穆峰老师谈到"装修口碑"，发人深省。长久以来，家装行业被很多人认为做的是"一锤子买卖"，毕竟一户人家装修一次够用十年八年，往往不存在"回头客"一说。也正因为如此，很多从业者对顾客的诉求和体验重视度不足，导致了行业乱象层出不穷。穆峰老师在本书以口碑为切入点，从行业不同从业者的角色出发剖析了如何才能提高用户体验，从而提升装企第一生产力——口碑，有理有据，实践性强，可谓家装行业用户体验升级的"教科书"。

轩怡装饰一向以改善客户体验为己任，致力于为客户提供满意的、高质量的家装服务。穆峰老师的这本书，与轩怡装饰理念高度契合。今后轩怡装饰也会一如既往地努力，坚持口碑第一，为行业贡献属于自己的力量。

轩怡装饰创始人　周志威

家装用户的好口碑，我认为要先从道的层面出发，首先创始人的初心是不是要做一家有价值的公司，如果是的话，就要坚持长期主义：① 搭建有共同使命的管理团队，思想同频效率高；② 站在市场和客户的角度研发产品，没有套路；③ 以长期主义的理念制定一套完善的运营管理体系和制度，严格执行；④ 以客户为中心制定薪酬体系，不要业绩导向，要满意度导向；⑤ 不打价格战，坚持走自己的路线。装企通过不断复盘，迭代，长期坚持下来，我认为口碑会越来越好。

现在家装行业的创始人都在研究业绩怎么提高，怎么快速扩张，如果大家在这方面拿出一半的精力放在研究客户价值上，我相信家装行业会越来越好。装企初心是为了实现长期的价值，装企就是在做难而正确的事。推荐此书，让家装更有口碑。

新疆美猴王家装董事长　王锁

分析家装行业的需求、供给关系后会发现：需求端从不缺用户，供给端也不缺施工人员，且材料供给过剩。家装行业缺的是用户满意度和口碑。本书究其成因并抽丝剥茧给出破局探索之道，值得行业思考借鉴。

深圳过家家装修创始人　丁力

从读穆峰老师第一本书《"颠覆"传统家装：互联网家装的实践论》，到认识他的这几年，是行业概念产生最多、变化最快的时期。在时代大变局的过程中，作为行业观察者和变革的共同参与者，穆老师的著作总是如实反映家装市场和行业的变化，用心梳理从业者、消费者、竞品公司之间以及上下游产品竞合的关系，透过现象去看本质。在我们忙碌于琐碎事务时，穆老师帮我们厘清碎片的思考和其中的商业规律，构建通盘的逻辑，其每一本书都是我们的良师益友。

宁波十杰装饰总裁 雷震

深耕装修行业多年，我深知口碑在消费者的决策中起着至关重要的作用。装企常因"买家秀"和"卖家秀"落差大而被消费者诟病，负面评价会导致装企获客成本大幅增加，在经济不景气时，负面口碑会直接影响装企生存。对时下的装企而言，《装修口碑怎么来：重塑用户体验场景》是一本不容错过的书，可以帮助企业重新审视自己。装企只有真正重视和不断改善用户体验，才能在激烈的市场竞争中立于不败之地！

沪尚茗居董事长 徐华春

极家家居集团作为上海的头部装企之一，立志满足用户对于品质生活的追求，打造全案整装定制服务。建立家居生活体验馆、供应链体系和极家汇互联网家居服务系统，我们不断用标准化系统推动服务和口碑的提升。本书剖析了整个家装行业核心，从用户角度出发，深入浅出地分析行业面临的问题，可以说本书是装企建立用户场景体验的说明书，也是一本了解家装行业的可读之书。

极家家居集团总裁 任志天

目前，对于装企来讲，口碑是生命线。经营企业归根结底要从客户的角度出发，为客户着想，考虑客户利益，长期创造价值，逐步建立信任，形成良善关系，这个过程就是做口碑。而提升家装服务的口碑，让行业向上、向善发展，是我们家装从业者共同的责任。穆老师的这本书不但系统地梳理了行业现状，而且对装企的口碑建设具有指导意义，可谓正当其时。

万泰装饰有限公司总裁 柳方洲

在家装行业从业近 30 年，我看过很多从各个角度写家装行业的书，穆峰老师的书是难得的多睿智之言和务实之策的。他善于知微见著，剖析这个行业的本质，找寻解决方案。这本书也不例外，聊到了大家关心的，也是家装行业的本质议题"口碑"。

口口相传，是各行各业企业家不断追求的目标，特别是在当下完全市场化的、竞争激烈的家装行业显得尤为珍贵。口碑怎么来？它不是通过几场培训和宣讲，或以座右铭的形式出现在团队成员的笔记本上、手机上或办公室的墙面上就可以实现这么简单。必须把"成就客户"刻进企业价值观里，写进顶层设计里，建立自上而下的保障体系，实现企业价值的同时，也进一步实现了社会价值。如何搭建这套口碑保障体系？穆峰老师的这本书给出了很有建设性的答案，建议家装行业的企业家们都看一看，大家一起让这个行业变得向上、健康！

上海进念佳园装饰集团总裁　陈军